D1664699

Iniciación al estudio didáctico del Álgebra

CARMEN SESSA

Iniciación al estudio didáctico del Álgebra

Orígenes y perspectivas

libros del
Zorzal

Sessa, Carmen
Iniciación al estudio didáctico del álgebra. Orígenes y perspectivas
1a ed. Buenos Aires: Libros del Zorzal, 2005
128 p.; 21x14 cm. (Formación docente / Matemática. Matemática; 2)
ISBN 987-1081-71-5
1. Algebra-Educación I. Título CDD 512.07

Realizado con el apoyo del Fondo Cultura B.A. de la Secretaría de Cultura del Gobierno de la Ciudad de Buenos Aires.

EDICIÓN
OCTAVIO KULESZ

REVISIÓN
LUCAS BIDON-CHANAL

DISEÑO
VERÓNICA FEINMANN

ISBN 987-1081-71-5

Libros del Zorzal
Printed in Argentina
Hecho el depósito que previene la ley 11.723

Para sugerencias o comentarios acerca del contenido de *Iniciación al estudio didáctico del Álgebra,* escríbanos a: info@delzorzal.com.ar

www.delzorzal.com.ar

Gracias a Daniel, a Florencia, a Maria Clara y a Patricia, y a las chicas Verónica, Silvia y Diana, por todas sus "ayudas de la cabeza y del corazón".

Índice

Introducción general 11

Capítulo 1:
Incursiones en la historia del Álgebra.................................15

Introducción..17

Y al principio fue la geometría 19

Primera parada:
Los procedimientos de resolución en la antigua Babilonia 21

   • La multiplicación como operación geométrica 25
   • El papel de las figuras..26
   • ¿Álgebra o no?..27

El universo griego...29

Segunda parada:
La numerosidad de los pitagóricos.......................................31

Tercera parada:
Euclides y la geometría de las magnitudes 37

   • El tratamiento de leyes generales 38
   • Reflexiones sobre Euclides 1 40
   • La resolución de problemas 41
   • Reflexiones sobre Euclides 2. El discriminante
     redescubierto 46
   • Análisis y síntesis..47
   • ¿Álgebra o no?..47

Cuarta parada:
La *Arithmetica* de Diofanto..49

   • Reflexiones sobre el trabajo de Diofanto 52

Quinta Parada:
Al-Kowarizmi y el arte del al-jabr y del al-muqabala 53

Sexta parada:
Una mirada sobre el trabajo de François Viète
y René Descartes 59

• Letras para los datos 59
• Una separación clásica en la historia del álgebra....................60
• La correspondencia entre puntos y pares de números.............61

Reflexión al final de nuestra incursión por la historia.....................62

Capítulo 2:
Una entrada al Álgebra a través de la generalización......65

Introducción...67

La producción de fórmulas para contar colecciones.........................75

Formulación y validación de conjeturas sobre los números
y las operaciones 109

Reflexión final sobre el capítulo 2 121

Bibliografía...123

Introducción general

En este libro nos proponemos un estudio sobre la problemática didáctica del álgebra escolar. Sobre parte de esa problemática.

Si consideramos en conjunto el sistema *profesores y alumnos*, encontramos instalada en estos tiempos una fuerte tensión a propósito de este campo:

• Para los profesores, el álgebra representa la herramienta por excelencia de la matemática; se podría decir que los profesores se forman en una matemática algebrizada.

• Del lado de los alumnos, el álgebra se presenta como una fuente inagotable de pérdida de sentido y de dificultades operatorias muy difíciles de superar.

Los que miran la escuela secundaria *"desde afuera"* señalan –y reclaman al respecto– que muy pocos alumnos alcanzan a tener algún grado de *destreza* en el trabajo algebraico.

Los profesores no encuentran el modo de lograr que esas destrezas sean adquiridas por la clase. Las enseñanzas que despliegan y los aprendizajes que proponen quedan muchas veces atrapados en esa búsqueda de *destreza*, y el sentido de lo que se aprende queda oculto para la mayoría de los alumnos.

Éste es un libro para los profesores comprometidos con un aprendizaje de sus alumnos basado en la construcción de sentido del trabajo matemático. Pretende ser una herramienta de estudio que acompañe una re-visita a determinados aspectos de la problemática del álgebra escolar. Y es también una invitación a profundizar en la fundamentación y el análisis de una propuesta de enseñanza para las entradas al álgebra.

Cuando pensamos el álgebra, a propósito del aprendizaje escolar, la concebimos como un *conjunto de prácticas* asociadas a un espacio de problemas que se constituyen a partir de un conjunto de conceptos con sus propiedades. Prácticas que se inscriben –y se escriben– en un determinado lenguaje simbólico, con leyes de tratamiento específicas que rigen la configuración de un conjunto de técnicas. Todos estos elementos complejos –problemas, objetos, propiedades, lenguaje simbólico, leyes de transformación de las escrituras, técnicas de resolución– producen un "entramado" que configura el *trabajo algebraico*.

Identificamos ciertos rasgos esenciales en este trabajo que lo ubican en el corazón de la actividad matemática: el tratamiento de lo general, la exploración, formulación y validación de conjeturas sobre propiedades aritméticas, la posibilidad de resolver problemas geométricos *via* un tratamiento algebraico, la puesta en juego de una coordinación entre diferentes registros de representación semiótica.

Hay quienes afirman que estos aspectos del trabajo algebraico son muy difíciles de instalar en la escuela porque necesitan de una *destreza operatoria previa que los alumnos no poseen.*

Por el contrario, nosotros sostenemos que es *a través* de estas prácticas que se va comprendiendo el sentido de la operatoria algebraica y, a medida que éste va siendo atrapado, permite la adquisición de herramientas de control que son imprescindibles para lograr autonomía en el desempeño de los estudiantes. La interrelación entre la actividad modelizadora del álgebra y el aprendizaje y el manejo de las técnicas constituye un punto clave en el dominio del álgebra.

Considerando este libro como introductorio al estudio de esta compleja problemática, acotamos nuestro objeto a las primeras enseñanzas, a los primeros abordajes del álgebra en la escuela (por esa sana tradición de "empezar por el principio"). Incluimos en nuestro recorte una dimensión de análisis histórico-epistemológica, por considerarla valiosa para el análisis didáctico. El libro está organizado en dos capítulos.

En el **capítulo 1** la Historia de la Matemática será la protagonista. Esperamos que con su lectura se comprenda por qué incluimos esta dimensión más epistemológica en nuestro estudio didáctico.

La intención del **capítulo 2** es analizar una vía de entrada al trabajo algebraico que se apoya en las ideas de fórmula, de variable y de generalización. En este capítulo también incluimos una discusión en torno a los malentendidos que suelen producirse cuando los alumnos enfrentan muy tempranamente el objeto "ecuación".

Este escrito se nutre de una experiencia de trabajo de más de diez años en diferentes ambientes:

• los inicios fundacionales de una investigación sobre el desarrollo del álgebra escolar, llevado adelante en conjunto con Mabel Panizza y Patricia Sadovsky;

• el trabajo con el equipo de Matemática de la Secretaría de Educación del Gobierno de la Ciudad de Buenos Aires en la formulación de programas para la escuela media; [1]

• los estimulantes desafíos que me ha planteado la instancia de formación de futuros profesores de matemática; [2]

• las voces de tantos profesores, con los que he trabajado en muchísimos talleres y cursos referidos a estos temas.

Y se nutre también de los resultados de las investigaciones de varios especialistas que, trabajando desde diferentes marcos teóricos, han puesto su foco en el álgebra escolar.

Desde distintos lugares del mundo se acreditan las dificultades con las que se enfrentan los alumnos cuando son acercados a las primeras herramientas algebraicas.

En respuesta a estas dificultades reiteradas, se suele proponer –de una manera más o menos explícita– una simplificación de los objetos y una algoritmización de las prácticas.

Habría otra opción, apoyada en la intención de hacerse cargo de la complejidad: apuntar a la construcción de sentido como respuesta a las dificultades. Es la opción que intentamos presentar en este libro, como una invitación a volver a pensar de qué se trata el aprendizaje del álgebra.

---

[1] Allí tuve el privilegio de trabajar en un equipo conformado en sus inicios por Patricia Sadovsky, Gustavo Barallobres y Horacio Itzcovich, con la incorporación posterior de Gema Fioriti.

[2] En la facultad de Ciencias Exactas de la Universidad de Buenos Aires.

Capítulo 1
Incursiones en la historia del Álgebra

Introducción

Queremos comenzar este capítulo con una reflexión acerca del papel del análisis histórico-epistemológico en el estudio didáctico de un determinado campo [3].

Es nuestra hipótesis que el conocimiento de los "caminos" de la historia, con sus marchas y contramarchas, con sus momentos de ruptura, con sus retrocesos y sus baches, representa una vía de acceso a mayores niveles de complejidad acerca de la naturaleza de los objetos que se están estudiando. Podríamos decir que *ensancha* nuestras concepciones epistemológicas, ayudándonos a desnaturalizar nuestra manera actual de tratar los problemas.

Desde el punto de vista de un profesor, la comprensión de otros modos de trabajo puede servir de inspiración para planear un proyecto de enseñanza que recupere para el aula viejos sentidos de los objetos.

Es necesario sin embargo alertar sobre la utilización ingenua de la historia de la matemática en la enseñanza y trascender la postura según la cual la historia serviría para proveer buenas "motivaciones para el aula" [4]. Las condiciones en la historia que hicieron posible el planteo de problemas y de preguntas, son de alguna manera irreproducibles escolarmente si se piensa la construcción de conocimientos (en la historia y en la escuela) como una construcción social [5]. Esto nos lleva a ser cautelosos en el aprovechamiento de los "ejemplos" históricos en la enseñanza.

---

[3] Varios investigadores en Didáctica de la Matemática han señalado su importancia, entre otros M. Artigue (1990, 1992, 1995), A. Sierpinska & S. Lerman (1996), R. Bkouche (1997).

[4] En L. Radford (1997) se establecen interesantes objeciones a esta utilización ingenua.

[5] No hay entonces posibilidad de un correlato concreto entre la génesis histórica de un concepto y el recorrido de un sujeto que aprende.

Y al principio fue la geometría...

Cuando pensamos en el trabajo matemático de la escuela media, solemos identificar y diferenciar tres regiones bien asentadas en la tradición escolar: aritmética, álgebra y geometría. Al aproximar nuestra mirada para estudiarlas, se revelan como una red en la cual los tres polos se cruzan y se enriquecen mutuamente.

Para comprender mejor las filiaciones y las rupturas entre el álgebra y las otras regiones, vamos a comenzar por explorar estas relaciones en diferentes momentos de la historia de la matemática. Recorreremos distintos tramos de sus raíces, de sus nublados principios, fundamentalmente en lo que hace a su relación cambiante y fundadora con la geometría, así como el trabajo que ambas permiten desplegar para la resolución de problemas aritméticos.

La tablillas de la Mesopotamia y sus ecuaciones cuadráticas, el trabajo numérico-geométrico de la escuela pitagórica y la geometría sintética de Euclides serán discutidos y puestos en contraste con nuestras prácticas actuales algebraicas. Señalaremos también brevemente las sucesivas marcas dejadas por el trabajo de Diofanto, de Al-Kowarismi, de Viéte y de Descartes.

Vamos a organizar nuestro estudio en torno a **6 "paradas"** (que necesariamente dejarán a fuera otros muchos momentos que deberán ser estudiados si uno quiere atrapar la totalidad de la historia del álgebra). El objetivo de estas paradas, y de esta mirada, es el de reconectarnos con diferentes formas de trabajo que involucran sentidos más o menos perdidos de los objetos y del trabajo algebraicos.

Primera parada:
Los procedimientos de resolución en la antigua Babilonia

Los pueblos de la Mesopotamia son los autores de los *textos* más antiguos de matemática que conocemos en la actualidad. Se trata de tablillas de arcilla talladas con signos cuneiformes que se empleaban como textos de enseñanza y para contabilidad. Algunas de ellas datan del año 3300 antes de Cristo.

En estas tablillas se encuentra una gran variedad de problemas aritméticos referidos a diferentes contextos y enunciados en lenguaje coloquial. A continuación del enunciado se presenta un procedimiento de resolución, también escrito en lenguaje coloquial. No se incluyen explicaciones ni validaciones acerca de los procedimientos que se presentan. Cada problema está resuelto para valores numéricos específicos de los datos, y los resultados también son números particulares. En las tablillas, el mismo tipo de problema es presentado con distintas colecciones de datos, en una organización sistemática que permite comprender el algoritmo para poder aplicarlo a cualquier colección de datos dada. La generalidad es atrapada a través de una variedad de ejemplos.

Vamos a detenernos a estudiar un problema cuadrático de una tablilla del año 1600 a.C. aproximadamente [6]. Presentamos primeramente el enunciado textual y su procedimiento de resolución con los valores numéricos con los que se presenta en la tablilla.

"He sumado la superficie y mi lado de cuadrado: 45.

Pondrás 1, la wasitum. *Fraccionarás la mitad de 1 (:30). Multiplicarás 30 y 30 (:15). Agregarás 15 a 45: 1. 1 es (su) raíz cuadrada. Restarás el 30 que has multiplicado de 1 (:30). 30 es el lado del cuadrado."*

Los Babilonios trabajaban con un sistema de numeración posicional en base sesenta; eso hace más dificultosa la lectura de este ejemplo. Su reescritura en sistema decimal sería:

---

[6] El texto del problema ha sido extraído de James Ritter (1989).

"He sumado el cuadrado y mi lado obteniendo $\frac{1}{2}$.
Pondrás 1, la unidad (podría ser algo que se tomara como
unidad para medir longitudes). Fraccionarás la mitad de 1: $\frac{1}{2}$.
Multiplicarás $\frac{1}{2}$ por $\frac{1}{2}$: $\frac{1}{4}$. Agregarás $\frac{1}{4}$ a $\frac{3}{4}$: 1. Sacarás su raíz
cuadrada: 1. Restarás el $\frac{1}{2}$ que has multiplicado de 1: $\frac{1}{2}$. Ése
es el lado del cuadrado."

La lectura del enunciado de este problema –con todas las limitaciones que nos impone recortar este solo enunciado de la totalidad de la producción matemática y de otras producciones
culturales de esta civilización– nos plantea un interrogante:
¿Cómo se pueden sumar un cuadrado (superficie) y un lado
(longitud)? ¿Qué sentido podría tener?

Reconstruimos el procedimiento de resolución, adaptándolo
–inevitablemente– a nuestros conocimientos y tratamientos actuales. El problema planteado podría escribirse como $x^2 + x = \frac{1}{2}$.
Supongamos entonces una ecuación general de la forma $ax^2 +$
$bx + c = 0$. En el problema planteado se tendría $a = 1$, $b = 1$,
$c = -\frac{3}{4}$. El procedimiento podría reescribirse para coeficientes
genéricos del siguiente modo:

- $\dfrac{b}{2}$

- $(\dfrac{b}{2})^2$

- $(\dfrac{b}{2})^2 + (-c)$

- $[(\dfrac{b}{2})^2 + (-c)]^{\frac{1}{2}}$

- $[(\dfrac{b}{2})^2 + (-c)]^{\frac{1}{2}} - \dfrac{b}{2},$

que es exactamente la fórmula que actualmente conocemos para
hallar la única solución positiva de una ecuación de segundo
grado con el coeficiente c negativo y coeficiente a=1. Podemos
asegurar entonces que el procedimiento empleado es correcto [7].

---

[7] Se podría objetar que hay una cierta arbitrariedad en la generalización que proponemos, pues partimos de un solo ejemplo, pero en la tabilla se presentan otros
problemas con diferentes datos numéricos para el caso a y b positivo, c negativo,
que permiten asegurar que efectivamente se trata de este procedimiento general.

Ahora bien, además de nuestra traducción del algoritmo a la fórmula general que conocemos, podemos pensar en una apoyatura geométrica ocultada en la presentación algorítmica. El contexto del problema invita a ello. Esta interpretación del procedimiento de resolución resulta muy atractiva y es asumida en los textos actuales de Historia de la Matemática.

Pensemos entonces en un cuadrado de lado x. Una manera de poder sumarle (numéricamente) un lado es considerando ese lado como uno de los lados de un rectángulo cuyo otro lado mide 1, la unidad, la *wasitum*. Esto permite considerar una superficie de medida x.1 que se agrega a la del cuadrado. *"He sumado el cuadrado y mi lado..."* produciría entonces una figura como la siguiente:

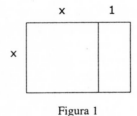

Figura 1

cuya superficie total se sabe que es igual a $\frac{3}{4}$ y donde hay que hallar el valor del lado x. Para ello se comienza partiendo el rectángulo en dos rectángulos de igual área y reacomodándolos. La figura 1 se trasforma en esta otra, de la misma superficie:

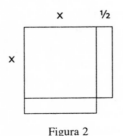

Figura 2

Luego se *completa* la figura 2 hasta obtener un *cuadrado*, para lo cual hay que agregar un cuadradito de lado $\frac{1}{2}$.

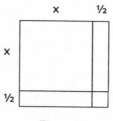

Figura 3

La nueva figura (su área) medirá entonces $\frac{3}{4} + (\frac{1}{2})^2 = 1$, y por lo tanto su lado medirá $\sqrt{1} = 1$. Pero el lado de la nueva figura es $x + \frac{1}{2}$ y de allí resulta el valor de x, que es $1 - \frac{1}{2} = \frac{1}{2}$.

Esta idea de añadir, completar o restaurar se encontrará siglos más tarde en los primeros procedimientos algebraicos explícitos, en la obra de Al-Kowarizmi.

Estas trazas continúan hasta el presente. Efectivamente, el seguimiento geométrico de este procedimiento tiene un correlato algebraico, posible de ser interpretado con nuestras *actuales* herramientas de lenguaje simbólico.

Para la ecuación $x^2 + x = \frac{3}{4}$, "completamos cuadrados":

$x^2 + x + (\frac{1}{2})^2 = \frac{3}{4} + (\frac{1}{2})^2$, es decir $(x+\frac{1}{2})^2 = 1$, de donde resulta $x + \frac{1}{2} = 1$, y entonces $x = \frac{1}{2}$.

Debe quedar claro que este lenguaje simbólico no formaba parte del universo matemático de los babilonios. Y que no consideramos esto como una falta. Nuestra intención al presentar este análogo algebraico de la completación geométrica de cuadrados es mostrar claramente las raíces geométricas de una técnica que solemos aprender (y enseñar), justificándola desde la manipulación simbólica de las expresiones (completamos un cuadrado en términos numérico-algebraicos).

Para un alumno que está aprendiendo, ¿podría la interpretación geométrica dar otro *espesor* al sentido de esta técnica?

En la tablilla también está resuelto el caso b < 0. Veamos un problema, al que presentamos directamente con las medidas expresadas en nuestro sistema decimal:

"He sustraído mi lado de cuadrado de la superficie obteniendo 870.

Pondrás 1, la wasitum. Fraccionarás la mitad de $1: \frac{1}{2}$. Multiplicarás $\frac{1}{2} \times \frac{1}{2}$ ($: \frac{1}{4}$). Agregarás $\frac{1}{4}$ a 870 (870 + $\frac{1}{4}$). 29,5 es su raíz cuadrada. Agregarás el $\frac{1}{2}$ que has multiplicado a 29,5 (:30). 30 es el lado del cuadrado."

La figura resulta de retirar de un cuadrado de lado x un rectángulo de lados 1 y x, partido en dos rectángulos iguales de lados $\frac{1}{2}$ y x:

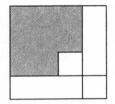

El enunciado del problema dice que la figura sombreada tiene como medida (superficie) 870.

Proponemos al lector el ejercicio de seguir el algoritmo de la resolución babilónico en su interpretación geométrica y escribir en lenguaje algebraico este procedimiento en forma general para el caso de ecuaciones con coeficientes b y c negativos.

En los dos ejemplos que presentamos, la solución que se obtiene para el problema es un solo número, aunque se trata de problemas cuadráticos, ¿qué pasa con la otra solución?, ¿cómo se explica que no aparezca?

La multiplicación como operación geométrica

Nos interesa reflexionar sobre la posibilidad de aprovechar didácticamente el siguiente hecho, presente en la interpretación del procedimiento que hemos mostrado: la consideración geométrica del producto de dos números (dos segmentos) como el área del rectángulo que queda determinado por esos lados (su área considerada tanto como magnitud como numéricamente)[8].

Esta consideración geométrica de la operación "producto" atraviesa la matemática desde la Antigüedad hasta Descartes (siglo XVII) y lleva a considerar solamente sumas que refieran a objetos de la misma "dimensión": no puedo sumar (el área de) un cuadrado con (la longitud de) un segmento, pero sí (el área de) un cuadrado con (el área de) un rectángulo. Es lo que se conoce como principio de homogeneidad, que gobernará el trabajo algebraico desde sus orígenes hasta el gran salto que se produce con la geometría cartesiana.

En los ejemplos que acabamos de estudiar, la incorporación de la unidad, la *wasitum,* permite de algún modo flexibilizar esta imposición. Por ejemplo, una expresión como *"el cubo de lado* a *más dos veces el cuadrado de lado* b*"* se puede tomar en cuenta si uno considera el 2 como 2 veces la *wasitum,* y entonces *"2 veces el cuadrado de lado* b*"* pasa a representar un cuerpo con volumen que puede agregarse al cubo de lado *a.*

Como veremos más adelante, éste es un tratamiento muy diferente del que se encuentra en el trabajo matemático de Euclides en *los Elementos*: allí las áreas y longitudes son consideradas magnitudes, y no números, porque no se trabaja con unidades. El principio de homogeneidad de las dimensiones seguirá plenamente vigente, y no se encontrará ningún teorema donde se sumen cuadrados con segmentos. Estos son los asuntos que discutiremos en nuestra tercera "parada".

El papel de las figuras

Vale la pena detenerse para reflexionar sobre el estatuto de las figuras 1, 2 y 3, que hemos presentado como interpretación del

---

[8] Leemos la expresión x^2 "equis cuadrado" y no "x a la dos" apelando a ese sentido, pero se nos hace invisible en lo cotidiano.

texto del procedimiento [9]. Son esquemas que permiten considerar en forma conjunta tanto los datos del problema como aquello que se quiere hallar; todos ellos encuentran un lugar en estos dibujos, con un indiscutible parentesco a la escritura de una ecuación. En este esquema no se guarda –ni podría guardarse hasta no tener resuelto el problema– la relación real entre estas magnitudes (datos e incógnitas). De hecho, al dibujar en una misma línea x y $\frac{1}{2}$, el valor de x quedaría determinado de entrada. Entonces la resolución numérica se apoya en estas figuras para guiarse en el cálculo, pero no se operan sobre ella transformaciones –a partir de los datos– que permitan obtener en el dibujo los objetos buscados, como es el caso en una construcción geométrica. La figura aquí jugaría un papel similar al que juegan las figuras de análisis[10] en las construcciones.

¿Álgebra o no?

Varios historiadores y matemáticos hablan de un álgebra babilónica (álgebra sin símbolos), ya que identifican allí los típicos problemas de ecuaciones con valores numéricos para los datos y números que hay que hallar. Hay, por otro lado, quienes dicen que el álgebra se caracteriza por la presencia de un cierto lenguaje simbólico y, al estar ausente en este trabajo temprano, no le otorgan la categoría de trabajo algebraico.

Decidir si hay o no álgebra cuando aún no hay lenguaje simbólico reduce el problema a una cuestión de nombre de las cosas y revela la arbitrariedad de cualquier posición que se tome.

Examinemos una vez más el tratamiento que hacen los babilónicos: es netamente *numérico* y las interpretaciones más

---

[9] Hay historiadores que sostienen la posibilidad de que el texto de las tablillas estuviera acompañado por algún discurso oral (¿una clase?) en el cual el orador apelase al dibujo de estas figuras.

[10] Para profundizar en el papel de la figura de análisis en el trabajo geométrico se recomienda la lectura de *Iniciación al estudio didáctico de la Geometría*, de Horacio Itzcovich, próximo a aparecer en esta colección.

modernas ven allí una resolución con fuerte apoyatura *geométri-ca*. ¿En qué sentido podríamos hablar de álgebra?

Esta pregunta nos remite a una más general: ¿Qué es lo que permite diferenciar un problema aritmético de uno algebraico o uno geométrico? ¿Es el problema mismo que se plantea o es el tratamiento que se hace para su resolución lo que determina su ubicación en el campo del álgebra?

Sería más bien la interacción de un problema con el conjunto de herramientas de quien lo enfrenta –y la disponibilidad que tiene de las mismas– lo que haría factible un tipo de solución más geométrica o más algebraica.

En ese sentido, podríamos decir que los babilónicos resolvían problemas que hoy ubicamos en el dominio del álgebra y lo hacían con métodos geométricos, de "cortar y pegar" y completar. Sin embargo, el tratamiento algebraico que conocemos actualmente para esos problemas tiene reminiscencias muy fuertes de estas técnicas de cortar, pegar y completar. Eso nos da derecho a colocarlos en la historia del álgebra.

El universo griego

"En menos de cuatro siglos, de Thales de Mileto a Euclides de Alejandría, lo hayan querido o no los pensadores griegos, rivales de ciudades y de escuelas, en economía y religión, siempre obstinados en contradecir al otro, hijos de la tierra contra amigos de las formas, o pensadores de lo mutable contra filósofos de la eternidad, construyeron juntos, de forma fulminante e inesperada, un imperio invisible y único, cuya grandeza perdura hasta nuestros días, una constitución sin parangón en la historia, en la que aun trabajamos con los mismos gestos que ellos, y sin abandonarla con el pretexto de la confusión de nuestras lenguas, ni siquiera cuando nuestros odios aumentan. ¿La humanidad formó alguna vez otro acuerdo equivalente? Este insólito logro se llama 'matemática'."

Serre (1989).

Hay tres zonas de este universo en las que nos interesa detenernos.

La primera de ellas, el *grupo Pitágoras*, nos introduce en un trabajo bien diferente del que acabamos de transitar. No se trata de longitudes o áreas que puedan corresponder a magnitudes continuas, sino de un trabajo centrado en los números naturales.

En la segunda zona encontramos a Euclides y su desarrollo sintético de la geometría. Dentro de este gran universo de objetos y relaciones, centraremos nuestra reflexión en dos aspectos: el tratamiento general de leyes para las operaciones con magnitudes continuas (áreas y longitudes) y la posibilidad de reinterpretar variados problemas geométricos –y su resolución– en términos de nuestros actuales desarrollos algebraicos.

Por último, pondremos nuestra atención en Diofanto y en su conceptualización del *arithmo*, una cantidad no conocida con la que se puede operar.

Segunda parada:
La numerosidad de los pitagóricos

Pitágoras (580-500 a. C.), contemporáneo de Buda, de Confucio y de Lao-Tse, lidera la conformación de una comunidad cerrada, religiosa y política que pregona principios éticos como la austeridad, el coraje y la disciplina colectiva, y se opone al poder y a la opulencia. Los pitagóricos buscan una visión global del mundo y la construyen a partir del número: el número como elemento constitutivo de la materia.

Los desarrollos de esta escuela se encuentran en el origen de la conformación de la aritmética clásica: los números son los naturales[11], concebidos como colección de unidades. El 1 no es exactamente un número, es la "monade", la unidad de base de la colección que representa cualquier número. El considerar los números como colecciones de unidades, y sobre la base de una posición filosóficamente materialista, los lleva a acomodar estas colecciones en configuraciones geométricas y a aprovechar las diferentes disposiciones espaciales de las colecciones para estudiar propiedades de los números[12]. En ese contexto aparecen números triangulares, cuadrados, rectangulares, pentagonales, piramidales y cúbicos (un mismo número puede aparecer perfectamente en la clase de dos o más configuraciones diferentes). Por ejemplo, el 3 y el 6 son números triangulares, el 6 es rectangular y el 9 es un ejemplo de número cuadrado:

| 3 | 6 | 6 | 9 |

---

[11] Los números fraccionarios se usaban en el comercio, pero no se los consideraba verdaderos números en las especulaciones de los matemáticos.
[12] Se podría denominar a este trabajo una aritmética geométrica discreta.

Cada colección de números que comparten una misma configuración geométrica puede ser estudiada a partir de un análisis
que se realiza teniendo en cuenta la geometría de un ejemplo[13].
Se obtienen así propiedades que resultan comunes a todos estos
números. Este tipo de trabajo permite también encontrar relaciones entre las distintas colecciones de números.

Por ejemplo, números cuadrados serán aquellos cuyas unidades pueden agruparse de manera de obtener una configuración
cuadrada. Son los números que ahora denominamos "cuadrados
perfectos", por ser cuadrados de un número natural. La disposición de sus unidades en una grilla cuadrada hace visibles regularidades de estos números, como la relación de recurrencia
entre dos consecutivos:

Lo genérico del ejemplo nos permite afirmar que si a un número cuadrado le sumamos el doble del lado más 1, obtenemos
el siguiente número cuadrado.

Nuestro actual sistema algebraico de representación permite expresar lo anterior con la fórmula $n^2 + (2n+1) = (n+1)^2$ (*),
fórmula que tiene una validación inmediata si uno desarrolla el
cuadrado de la derecha.

Aprovechemos un poco más el ejemplo anterior. Considerando sucesivamente los números impares hasta el cuarto, se obtiene el cuadrado de lado cuatro:

---

[13] Ejemplo que se constituye de este modo en ejemplo genérico, en el sentido
    de Balacheff (1987).

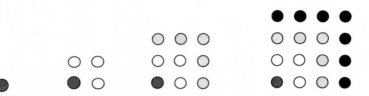

Del mismo modo, cualquier número cuadrado n puede pensarse como la suma de todos los números impares desde el 1 hasta el n-ésimo número impar. Esto se puede expresar con la fórmula:

$1 + 3 + 5 + ... + (2n + 1) = (n + 1)^2$.

O más formalmente:

$$\sum_{i-0}^{n} 2i + 1 = (n + 1)^2 .$$

En la actualidad, para validar esta fórmula nos valemos del principio de inducción y de la relación que describimos en (*).

Un trabajo similar es realizado con otras configuraciones.

El estudio de los números triangulares –que resultan de sumar una cierta cantidad de números consecutivos, partiendo del 1– lleva a tener en cuenta una relación fundamental: podemos acomodar dos números triangulares iguales para configurar un rectángulo con una unidad de diferencia entre sus lados:

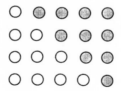

El ejemplo revela que si sumamos dos veces el número triangular de "base" 4 obtenemos un rectángulo de 4 x 5, y lo mismo pasaría para números triangulares de cualquier tamaño.

Entonces, se puede afirmar que la suma de los números consecutivos desde el uno hasta cierto número n es igual a la mitad del producto de ese número por el consecutivo de n.

Es nuestra conocida fórmula: $1 + 2 + 3 + 4 + ... + n = n (n + 1) / 2$. Hay otras maneras más o menos informales de validarla[14], y una demostración rigurosa puede darse apelando al principio de inducción.

La pregunta que nos hacemos en el plano didáctico es si la sola destreza algebraica y el dominio de las leyes de transformación nos hubieran permitido producir estas fórmulas, más allá de validarlas. ¿No es posible pensar en un trabajo sobre las configuraciones geométricas como fuente de visualización que permita llegar a la formulación de conjeturas y a la validación de las mismas? Sería otra manera de aportar sentido a algunas fórmulas algebraicas.

Por ejemplo, un trabajo como el anterior podría llevar a estudiar la relación entre números cuadrados y triangulares, o las diferencias de cuadrados. Mostramos a continuación algunas afirmaciones cuya formulación y validación pueden apoyarse en las configuraciones geométricas que resultan del acomodamiento de unidades, *a la manera de los pitagóricos:*

• "la suma de dos impares consecutivos es siempre una diferencia de cuadrados"[15]

$$2n + 1 + 2n + 3 = 4n + 4 = (n + 2)^2 - n^2.$$

la configuración geométrica "muestra" de qué cuadrados se trata, la manipulación algebraica valida la conjetura.

---

[14] Discutiremos esto en el capítulo 2.
[15] Tomamos este ejemplo del artículo de Y. Chevallard (1985) sobre el pasaje de la aritmética al álgebra.

- "la suma de dos triangulares consecutivos es igual a un cuadrado":

$$\sum_{i-1}^{n} i + \sum_{i-1}^{n+1} i = (n+1)^2 \, .$$

¿Cómo puede validarse algebraicamente esta fórmula?

- "la suma de ocho números triangulares iguales, más una unidad, da un número cuadrado"[16].

Dejamos como ejercicio para el lector la "acomodación geométrica" de esta última afirmación, así como también la escritura de una fórmula que exprese esta propiedad y su comprobación *via* tratamiento algebraico.

---

[16] Este resultado se debe a Nicomacus (aprox. 200 a.C.), un neopitagórico.

Tercera parada:
Euclides y la geometría de las magnitudes

Conocemos a Euclides a través de la monumental obra matemática que constituye su tratado *Elementos*. Se trata de un compendio del conocimiento matemático de la antigüedad.

Son trece libros apasionantes, organizados deductivamente a partir de cinco postulados –a modo de axiomas– y algunas nociones comunes. Un trabajo admirable de ingeniería lógica donde cada propiedad nueva se valida apoyándose en los axiomas o en una o varias propiedades anteriormente demostradas. Muchos de los conocimientos desarrollados en los *Elementos* persisten en los saberes escolares del siglo XX, más de dos mil años después.

Cada libro está formado por una secuencia de proposiciones con enunciado y demostración. Los enunciados son de carácter general y están escritos en lenguaje coloquial. En las demostraciones, los datos genéricos de los enunciados, que corresponden a distintos objetos geométricos (puntos, lados, ángulos, figuras, etc.), suelen nombrarse con letras.

Encontramos dos grandes categorías de proposiciones que podríamos diferenciar dándoles los nombres de "teoremas" y "problemas".

Los teoremas se refieren a propiedades generales de los objetos geométricos y de las magnitudes asociadas a ellos (áreas o longitudes). Se ofrece siempre una demostración rigurosa de aquello que se enuncia.

Los problemas demandan la solución de un situación genérica, como la sección de un segmento o la construcción de una cierta figura, para que cumpla con determinadas condiciones. En todos los casos se ofrecen procedimientos generales de solución y una justificación de su validez. No hay allí ningún problema que se refiera a una situación concreta, y más que métodos de cálculo encontramos procedimientos de construcción.

El tratamiento de leyes generales

Entre los enunciados generales del primer tipo encontramos las propiedades de las operaciones que hoy definen las estructuras de los conjuntos numéricos, aunque expresadas en términos de magnitudes geométricas: la propiedad distributiva, por ejemplo, aparece como igualdad entre la adición de las áreas de dos rectángulos con un lado congruente, y el área de un tercer rectángulo con uno de sus lados igual a este lado común y el otro formado por la suma de los dos lados no comunes (proposición 1 del Libro II). Queda entonces expresada en la siguiente figura:

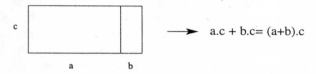

$$a.c + b.c = (a+b).c$$

Encontramos también algunas propiedades que hoy se corresponden con fórmulas algebraicas de equivalencia de expresiones. Por ejemplo, la composición en varios sumandos del cuadrado de un binomio está expresada en los *Elementos* por las relaciones entre las áreas de los rectángulos y cuadrados que aparecen en la siguiente figura (Proposición 4, Libro II):

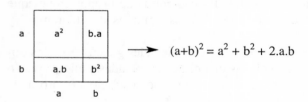

$$(a+b)^2 = a^2 + b^2 + 2.a.b$$

Vamos ahora a detenernos en otro teorema que pone en relación áreas de rectángulos y cuadrados, la proposición 5 del Libro II, de la cual transcribimos el enunciado:

"Si se corta un segmento en partes iguales y desiguales, el rectángulo comprendido por las partes desiguales del segmento entero junto con el cuadrado del segmento que resulta entre los dos puntos de sección es igual al cuadrado de la mitad de la recta."

Se considera entonces un segmento AB, con dos puntos de corte, uno en el medio y otro en un punto cualquiera:

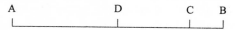

La proposición expresa que la suma de las áreas del rectángulo AC x CB (marcados en la figura de más abajo) y del cuadrado de lado DC es igual al área del cuadrado de lado DB.

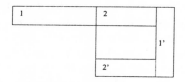

La demostración de este teorema es sencilla: basta con justificar que el rectángulo 1 es igual (tiene igual área) al 1' y que el 2 es igual al 2', lo cual permite concluir que el rectángulo 1+2 es igual a la diferencia de los dos cuadrados.

La generalidad que enuncia esta proposición puede ser expresada, con nuestras herramientas actuales, en una fórmula de equivalencia de dos expresiones algebraicas. Pero no hay una única manera de hacerlo, y dependerá de cuáles sean los segmentos que consideremos como puntos de partida entre todos los que quedan determinados en la figura. Por ejemplo, si llamamos L a la longitud del segmento AB y x a la distancia entre el punto de corte desigual y el extremo más cercano (CB) obtenemos la fórmula:

$$(\tfrac{L}{2})^2 - (\tfrac{L}{2} - x)^2 = x\,(L - x).$$

Si en cambio denominamos X a la longitud de CB e Y a la longitud de AC, la fórmula que obtenemos es:

$$X.\,Y + [\tfrac{(Y-X)}{2}]^2 = [\tfrac{(X+Y)}{2}]^2.$$

Por último, si denominamos X a la longitud del segmento DB e Y a la longitud del segmento DC, se obtiene:

$$X^2 - Y^2 = (X - Y)\,.\,(X + Y),$$

la conocida fórmula de la diferencia de cuadrados.

Reflexiones sobre Euclides 1

En el libro II se pueden encontrar muchas otras proposiciones que admiten un tratamiento actual de "transcripción" al lenguaje simbólico del estilo del que acabamos de hacer. Puede ser un ejercicio interesante considerar diferentes juegos de elementos para componer distintas fórmulas asociadas a la misma proposición geométrica. Este ejercicio permite poner en evidencia un paso fundamental en el proceso de modelización algebraica como es la *elección de variables*. Cuando se trata de resolver un problema, esta elección puede ser importante para determinar un tratamiento fluido o uno engorroso. En este ejercicio que acabamos de proponer, por el contrario, no hay un objetivo de utilización de la fórmula obtenida, y esto coloca a todas las elecciones posibles de variables en igualdad de condiciones.

¿Sería posible pensar en un conjunto de situaciones para el aula que permitieran ver las fórmulas algebraicas como modelo de relaciones geométricas? La validación *via* tratamiento algebraico sería entonces una re-validación de relaciones obtenidas a través de razonamientos geométricos. Es un trabajo que necesita apoyarse en una práctica geométrica sostenida. Al mismo tiempo permitiría reflexionar sobre las diferencias entre estas dos formas de tratamiento; por ejemplo, sería necesario identificar las limitaciones de lo geométrico en cuanto al campo de validez de las fórmulas: sólo tiene sentido pensar en números positivos.

En este juego álgebra-geometría que proponemos, las letras designan tanto números genéricos cómo objetos geométricos genéricos.

En el trabajo de Euclides, las áreas (de figuras) y las longitudes (de segmentos) se comparan y se suman, relación de orden y operación de suma que tiene su correlato en el conjunto de los números. La operación "producto" (de dos números) se corresponde con la consideración del área del rectángulo que determinan dos segmentos. En esto se parece al trabajo que encontramos en las tablillas de arcilla babilónicas, o al menos a la interpretación de este trabajo que tomamos como válida. Hay, sin embargo, una diferencia importante en este tratamiento Euclideo: las longitudes y las áreas son consideradas cada una como magnitudes, sin la determinación explícita de una unidad de medida, que las convertiría en cantidades.

La resolución de problemas

Pasemos ahora a analizar el segundo tipo de proposiciones: las que remiten básicamente a problemas de construcciones. Estas proposiciones aparecen en varios libros con enunciados que comienzan con un verbo en modo imperativo: dividir, construir, inscribir, circunscribir... Nos proponemos presentar algunas de ellas y continuar con nuestra tarea de "transcripción" a los modos algebraicos actuales.

Por ejemplo, en una proposición[17] se soluciona el siguiente problema: *"Dados dos segmentos, construir sobre un tercer segmento dado un rectángulo con área igual al rectángulo formado por los dos primeros"*.

Euclides muestra la siguiente construcción como solución a este problema:

Dados los tres segmentos

a   b   c

Consideramos el rectángulo **ab** y dibujamos el segmento **c** a continuación de **a**;

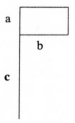

Unimos luego el extremo de **c** con el extremo de **b** (ver la figura) y prolongamos este segmento hasta cortar la prolongación del lado opuesto a **b**:

---

[17] Con variantes, es la Proposición 44, L I de los *Elementos*.

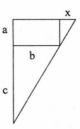

El segmento marcado con x es la solución del problema y esto queda justificado porque las áreas de los dos rectángulos sombreados en la figura son iguales:

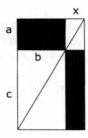

(Invitamos al lector a demostrar que las dos áreas sombreadas son iguales.)

La construcción que acabamos de presentar es entonces la solución geométrica de un problema que, desde nuestros conocimientos actuales, atrapamos en la ecuación a.b = c.x.

Si uno considera la ecuación equivalente $a / x = c / b$ o $a : x :: c : b$ [18], el problema aparece como la búsqueda del cuarto proporcional. Notemos que esta segunda manera de presentar el problema permite una construcción geométrica diferente para hallar x, que se apoya en el teorema de Thales[19]. Dejamos esta construcción como ejercicio.

---

[18] Ésta sería la escritura para esta proporción que equipara dos razones, del modo en que son tratadas en los *Elementos* a partir del Libro V.

[19] Este resultado se atribuye Thales (s. VI a.C.), pero no se conoce ningún texto de esa producción. En los *Elementos*, Proposición 2, Libro VI, Euclides enuncia y prueba este teorema, apoyándose en la teoría de las proporciones que desarrolla en el Libro V.

En otro problema que aparece en el Libro II, proposición 14, se solicita la construcción de un cuadrado igual (en área) a un rectángulo dado, es decir, dados a y b hallar x tal que $x^2 = a.b$. Damos un posible esquema de su solución, *a la manera de Euclides*.

Primeramente, observemos que de la proposición 5 del Libro II que detallamos anteriormente se desprende que se puede interpretar cualquier rectángulo como una diferencia de cuadrados (¿cómo sería?).

Falta ahora poder construir un cuadrado que sea equivalente a una diferencia de cuadrados dada. El conocimiento necesario para esta construcción es el teorema de Pitágoras[20], y una construcción posible es la siguiente:

Dados los cuadrados de lados **a** y **b**:

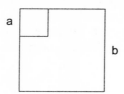

queremos encontrar un tercer cuadrado cuyo lado **c**, en conjunto con **a**, sean los dos catetos de un triángulo rectángulo con hipotenusa **b**. Porque entonces $c^2 = b^2 - a^2$.

Para ello, pinchamos el compás en el punto P con una abertura igual a la de longitud del segmento **b** y cortamos el lado OR. Sea **Q** este punto de corte.

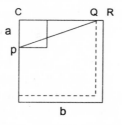

---

[20] Resultado demostrado por Euclides en la Proposición 47, Libro I de los *Elementos*.

OQ resulta ser el lado del cuadrado que estamos buscando, el segmento x que verifica x^2 = a.b (marcamos los otros dos lados del cuadrado con la línea punteada).

Por último, queremos detenernos en un problema que, en nuestro ejercicio de transcripción, desembocará en una ecuación de segundo grado. Comenzamos presentando la construcción geométrica que ofrece Euclides como solución.

Proposición 28 del Libro VI:

"Dividir una recta dada de manera que el rectángulo contenido por sus segmentos sea igual a un espacio dado. Ese espacio no debe ser mayor que el cuadrado de la bisección de la línea." [21]

La resolución de Euclides se basa en varias de las propiedades que acabamos de estudiar. Primeramente, como cualquier área rectangular puede volverse igual a un cuadrado, considera la superficie dato S como cuadrado. Entonces, para un segmento dado, se busca un punto de corte tal que el rectángulo que queda al "bajar" una de las secciones del segmento sea igual en área al cuadrado S.

Si llamamos L al segmento que hay que partir, la condición que da Euclides para que haya solución es que S no sea mayor que $(\frac{L}{2})^2$. Esto debe ser así porque sabemos que cualquier rectángulo que construyamos a partir del segmento L será igual a una diferencia de cuadrados en la cual el mayor de ellos tiene como lado $(\frac{L}{2})$, y por lo tanto, el rectángulo no podrá tener un área mayor que $(\frac{L}{2})^2$.

Para hallar el punto de corte en L, la construcción que se realiza y los argumentos que la justifican son similares a los que explicamos para hallar un cuadrado igual a un rectángulo dado.

Presentamos la construcción como una sucesión de figuras acompañadas de explicaciones referidas a cada paso:

---

[21] Versión levemente simplificada respecto de la original.

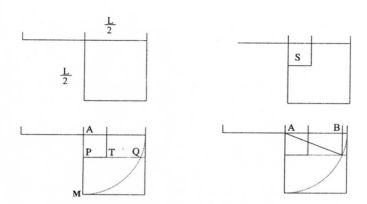

Los dos primeros pasos presentan la situación y ubican al cuadrado S dentro de un cuadrado de lado $\frac{L}{2}$.

En el tercer paso marcamos el punto Q sobre la prolongación del lado PT, de manera que AM= AQ (ambos iguales a $\frac{L}{2}$).

En el cuarto paso marcamos B sobre el lado superior para lograr AB= PQ.

Por el teorema de Pitágoras, $AB^2 + S = (\frac{L}{2})^2$, y por la proposición 5 del Libro II, el rectángulo producido por el corte en B sumado al cuadrado de lado AB dan lo mismo que el cuadrado sobre la semisuma del segmento inicial, es decir, AB . AP + $AB^2 = (\frac{L}{2})^2$. Ambos argumentos permiten afirmar que el punto B es el punto de corte buscado.

Realicemos ahora la tarea de "transcripción" del enunciado a nuestro lenguaje algebraico. La formulación dependerá de cómo elijamos las variables. Una manera de hacerlo nos llevaría a esta formulación:

Dados L y S, hallar X e Y tales que X+Y = L y X . Y = S

o, eliminando la variable Y,

Dados L y S, hallar X de manera que X (L–X) = S.

Esta última ecuación podría rescribirse como $X^2 + S = L . X$, de manera que se planteen todos los coeficientes como positivos. Las dos soluciones posibles de esta ecuación cuadrática corresponden a considerar las dos secciones del segmento, para un punto de corte determinado. En la primera formulación algebraica, ambas soluciones corresponden a X e Y.

Si seguimos la construcción que realiza Euclides, los dos valores de X se obtienen como la suma o la resta de $\frac{L}{2}$ y la medida del tercer lado de un triángulo rectángulo cuya hipotenusa sea $\frac{L}{2}$ y su otro cateto $S^{\frac{1}{2}}$.

El teorema de Pitágoras nos habilita entones para expresar ambas soluciones como $X = \frac{L}{2} \pm [\ (\frac{L}{2})^2 - S\ ]^{\frac{1}{2}}$ es decir, nuestra conocida fórmula para calcular las dos raíces.

Reflexiones sobre Euclides 2
El discriminante redescubierto

¿Cuántas veces recitamos en la escuela "b cuadrado menos cuatro ac", el discriminante de una ecuación cuadrática? El análisis que acabamos de realizar nos permite interpretar que se trata de (4 veces) la medida de un cateto de un triángulo rectángulo, a partir de la hipotenusa y el otro cateto. El teorema de Pitágoras aparece entonces implicado en la resolución de una ecuación cuadrática!

Por otro lado, la exigencia numérica de la condición $b^2 - 4\,a.\,c \geqslant 0$ para la existencia de solución es lo que requiere Euclides cuando impone que la superficie S no exceda el cuadrado construido sobre la mitad del segmento L.

Como ejercicio, proponemos estudiar completamente el problema que se presenta en la proposición 29 del Libro VI:

"Extender una recta dada de manera que el rectángulo contenido por la recta extendida y la extensión sea igual a un espacio dado (cuadrado)."[22]

Para hacer esto, será necesario apoyarse en la proposición 6 del Libro II, que presentamos a continuación:

"Si se prolonga un segmento, el rectángulo comprendido por el segmento prolongado y la prolongación junto con el cuadrado de la mitad del segmento son iguales al cuadrado del segmento compuesto por la mitad del dado y la prolongación."

¿Qué representa el discriminante de la ecuación en este caso?

---

[22] Para esta proposición estamos dando también una versión ligeramente simplificada de la original.

Análisis y síntesis

A diferencia del tratamiento geométrico babilónico[23], que avanzaba suponiendo la existencia de una solución y considerando la figura como una figura de análisis, Euclides obtiene los resultados mediante construcciones a partir de los datos, avanzando hacia lo que se quiere hallar. En ese sentido, el tratamiento que lleva a cabo está lejos de la forma de trabajo reconocible del álgebra con las ecuaciones. Y esto no es debido al planteo geométrico de la cuestión sino al proceder, que avanza por síntesis, desde los datos a las "incógnitas", mientras que las ecuaciones, objetos privilegiados del álgebra clásica, se caracterizan por juntar en una sola expresión datos conocidos y desconocidos a partir de la relación que se conoce entre ellos (la ecuación propiamente dicha), realizar un tratamiento de la expresión que permita transformar la ecuación sin cambiar su conjunto solución[24], hasta obtener una determinación del valor (o los valores) de las incógnitas. Es lo que hacemos tanto cuando completamos cuadrados en una ecuación cuadrática o "despejamos" en una ecuación lineal, como cuando realizamos una figura de análisis que nos permite encontrar las relaciones necesarias para una construcción. A este tipo de tratamiento se le da el nombre de análisis.

¿Álgebra o no?

El trabajo que se encuentra en, Euclides en los libros II y VI, del cual acabamos de ver algunos ejemplos y detalles, fue variadamente interpretado en los últimos tiempos. Hay quienes lo "ubican" en línea directa con las cuadráticas babilónicas y lo ven como un ropaje geométrico (por la exigencia de demostración) para la resolución de ecuaciones. Es decir, ven en Euclides la intención de resolver problemas numéricos, pero presentados como problemas geométricos para poder validar las repuestas

---

[23] Admitimos como válida la hipótesis de que se trata efectivamente de un tratamiento geométrico.

[24] En el capítulo 2 volveremos a referirnos a esta característica del trabajo algebraico.

con el rigor que la época ya está exigiendo. Pero esta posición tiene muchos detractores y podríamos decir que no es la que prevalece actualmente, sino una posición más cautelosa. Se habla más de una interpretación moderna (algebraica) de los resultados geométricos de Euclides que de un álgebra encubierta por motivos de rigor. Lo que sí podemos afirmar es que las construcciones geométricas del estilo de las que acabamos de ver tendrán una influencia perdurable en el álgebra y se encuentran, de alguna manera, en la base de los primeros trabajos de los árabes, en los cuales nos detendremos más adelante.

Cuarta parada:
La *Arithmetica* de Diofanto

600 años o más separan a Euclides de Diofanto. En ese lapso, el mundo griego se modifica profundamente. Viven y producen matemáticos de la envergadura de Arquímedes, Apolonio, Pappus y Ptolomeo. Grecia es conquistada por los macedonios, y Alejandro, hijo de Felipe, unifica un imperio cuyo corazón estará en la ciudad de Alejandría. Es el fin de la democracia griega. Alejandría se convierte en el centro cultural y comercial del mundo antiguo. Allí se encuentra El Museo, comunidad de sabios pagados por el rey para dedicarse a la investigación científica: griegos, egipcios, árabes y judíos intercambian libremente. La Biblioteca de Alejandría tiene cerca de 700.000 volúmenes. Gracias a los aportes de los distintos pueblos que confluyen en esta ciudad, la cultura griega experimenta importantes transformaciones.

Diofanto nace cuando la matemática alejandrina estaba perdiendo su potencia creadora. Su producción constituye casi la última contribución original del universo griego. Su gran obra, la *Arithmetica,* consta de XIII libros, de los cuales se conocen sólo diez, cuatro de ellos encontrados en Irán en 1972.

En los tiempos de Diofanto, la distinción entre logística[25] y aritmética parece haber caducado. La suya es una obra de aritmética-logística: aunque los enunciados son generales y abstractos, en las demostraciones encontramos cálculos con números concretos[26]. Diofanto plantea problemas y encuentra en cada caso una solución al problema que plantea. Los números involucrados -tanto datos como soluciones- son los números naturales o sus partes (los números racionales) y son concebidos al estilo pitagórico, compuesto de unidades discretas.

---

[25] En la Grecia Clásica se denominaba "logística" al arte de calcular, por oposición a la aritmética, reservada a la teoría de números.

[26] Números que reciben un tratamiento plausible de repetirse con cualquier otro número. "Ejemplos genéricos", al decir de Balacheff (*op. cit.*).

En el prefacio de la *Arithmetica*, Diofanto enumera diferentes tipos de números: los números cuadrados, los bicuadrados, los cuadrados-cubos y los cubos-cubos. En sus libros aparecen problemas en los cuales se trabaja con potencias 4, 5 o 6, lo que muestra de algún modo una flexibilización del "sujetamiento geométrico". Esto da cabida a una extensión del espectro de problemas que se conciben como posibles de ser tratados.

Aparecen en su obra la formulación y validación de identidades como: $(a^2 + b^2)(c^2 + d^2) = (ac - bd)^2 + (ad + bc)^2$ con la introducción de abreviaturas para indicar las potencias y las operaciones, aunque escritas en un lenguaje coloquial. Los símbolos +, -, *x* y *:* no habían aparecido todavía, sino que se usaban otras abreviaturas. Por ejemplo, la suma de dos números se indicaba colocando uno a continuación del otro y el cociente entre dos números era señalado con las palabras "parte de".

Nos interesa detenernos en un hecho relevante en torno a las escrituras: la introducción de un símbolo –una especie de S, el mismo símbolo en todos los problemas– para designar una cantidad desconocida o indeterminada a la que Diofanto denomina *arithmo* (que podría traducirse como "número"). Constituye una marca importante en el desarrollo del álgebra, pues la conceptualización de la noción de arithmo le permite a Diofanto un trabajo específico con las ecuaciones. Veámoslo a través de un ejemplo, el problema 27 del Libro I, cuyo enunciado es aproximadamente:

"Hallar dos números conociendo su suma y su producto. El cuadrado de la semisuma de los números que estamos buscando debe exceder en un cuadrado al producto de esos números, cosa que es figurativa."

Este problema podría ser considerado como una versión numérica de la Proposición 28 del Libro VI de los *Elementos*, donde se pedía dividir un segmento de cierta manera y se imponía una condición sobre los datos análoga a la que se pide aquí. Recordemos que la resolución de Euclides construía la solución (el punto de corte) a partir de los datos (un segmento y un cuadrado), en un encadenamiento lineal de instrucciones –"operaciones geométricas"– que iban transformando los datos.

La resolución de Diofanto está expresada en lenguaje natural y se apoya en un ejemplo numérico para demostrar la propiedad general[27]:

"Sea la suma de los números igual a 20 unidades y su producto a 96 unidades."

"Sea la cantidad en exceso de los números 2 arithmos. Ahora, como la suma de los dos números es 20 unidades, cuando uno divide la suma en dos partes iguales, cada parte será igual a 10 unidades. Entonces, si agregamos a una de las partes y substraemos de la otra, la mitad de la cantidad en exceso de los dos números, esto es 1 arithmo, la suma seguirá siendo 20 unidades y la cantidad en exceso de los números seguirá siendo 2 arithmos. Sea entonces el mayor de los números 1 arithmo incrementado en 10 unidades –que es la mitad de la suma de los dos números– y consecuentemente el menor número será 10 unidades menos 1 arithmo. Se sigue de aquí que la suma de estos números es 20 unidades y que la cantidad en exceso de los números es 2 arithmos.

El producto de los números debe ser igual a 96 unidades. Este producto es igual a 100 unidades menos 1 arithmo cuadrado, y lo igualamos a 96 unidades, con lo cual el arithmo debe ser 2 unidades. Consecuentemente, el número mayor será 12 unidades y el menor 8. Estos números satisfacen la condición inicial."

La idea básica de este procedimiento es que si "se corta" al medio la suma dada y se multiplican las mitades, el resultado excede al producto pedido porque se cumple la condición "figurativa". Cualquier otro corte determinará:

• un número igual a la mitad de la suma dada, más el arithmo: $10 + a$

• el otro número igual a la mitad de la suma menos el arithmo: $10 - a$

Así se sigue obteniendo una suma igual a 20, y el cuadrado de la semisuma de estos dos números ahora excede a su producto en el cuadrado del arithmo. (Esta última afirmación es un cono-

---

[27] El texto de la resolución del problema, en inglés, aparece, por ejemplo, en L. Radford (1997).

cimiento presente en la proposición 5, Libro II de los *Elementos*.) Resulta entonces que $100 - a^2 = 96$, de donde se deduce que $a = 2$ y que los dos números buscados son 12 y 8.

La condición sobre los datos asegura –como en el caso geométrico de Euclides– la existencia de solución. Que la diferencia entre el cuadrado de la semisuma y el producto buscado deba ser un cuadrado (cuadrado de un número natural) puede interpretarse como un requerimiento necesario para hallar un valor entero para el arithmo. Por otro lado, la acotación "*es figurativo*" remite a la significación geométrica de tal requerimiento, conocido desde la época de Euclides, por lo menos.

Diofanto elige números particulares para los datos, usa una letra para el valor desconocido que quiere hallar y opera con ella como si fuera un número conocido. No está calculando el arithmo directamente a partir de los datos, sino que plantea una condición sobre él que le permite hallarlo.

Reflexiones sobre el trabajo de Diofanto

Desde Euclides a Diofanto, la resolución de este problema ha ganado fluidez, gracias a un lenguaje que permite operar de algún modo considerando la incógnita como un número.

Un aspecto más que nos interesa destacar es la relación imbricada entre la concreción del uso de un símbolo gráfico para denotar lo que se quiere hallar y el tipo de tratamiento que se realiza para dar con su valor. Las técnicas de trabajo se encuentran así condicionadas por las formas de escritura, al mismo tiempo que generan la necesidad de ir modificándolas.

Otro aspecto a señalar se refiere a los datos, que Diophanto no puede manipular genéricamente, como sí se hace en el tratamiento geométrico de Euclides.

Recién cuando los datos sean considerados en tanto números generalizados y representados con símbolos (letras) distintos de los de las incógnitas, se podrán resolver los problemas en forma general. Este desarrollo ocurre muchos siglos después, y se lo debemos a François Viétè en el siglo XVII. Retomaremos esto en nuestra sexta parada.

Quinta parada:
Al-Kowarizmi y el arte del al-jabr y del al-muqabala

El árabe es un pueblo conquistador y nómade que comienza a unificarse con la Muerte de Mahoma (632 d.C.). Un rasgo destacable de este pueblo es que es respetuoso de las culturas que conquista: no las destruye, las asimila. La producción cultural del pueblo árabe es valiosísima y el papel que jugó en la construcción del saber matemático occidental no puede atraparse en la sola función de "intermediario" que muchas veces se le asigna.

Para nuestro propósito, nos vamos a detener solamente en un escrito de un matemático del siglo IX cuyo nombre perdura en la actualidad: Muammad Al-Kowarizmi[28]; y el libro que nos interesa se denomina *Precisiones sobre el cálculo del al-jabr y al-muqabala*. Se podría decir que éste es el libro de base de álgebra en lengua árabe y su influencia en la Edad Media occidental fue significativa. Se realiza en él un estudio de la resolución de ecuaciones de segundo grado a coeficientes numéricos, en lenguaje completamente retórico, sin la utilización de ningún símbolo. Todos los ejemplos numéricos que se presentan tienen soluciones racionales positivas[29]. Utiliza el sistema de numeración hindú (compuesto de diez caracteres) para el tratamiento de lo numérico, refiriéndose a las operaciones a partir de las unidades, decenas, centenas, etc., de un número (de hecho el pueblo árabe es el responsable de la introducción de los numerales hindúes en Europa y de nuestra organización decimal). Si aparece algún número irracional, se lo llama *gidr asamm* ("raíz muda" o "ciega"). En el siglo XII se traduce esto por "sordo", y hasta el siglo XVIII los irracionales son llamados "números sordos".

---

[28] Su nombre es el que dio origen a la palabra "algoritmo".
[29] Los árabes sí consideraban verdaderos números a los racionales.

Siguiendo a A. Dahan-Dalmedico y J. Peiffer[30] (1986), podríamos decir que mientras Diofanto buscaba soluciones de
ecuaciones, Al-Kowarizmi estudiaba la ecuación misma como
objeto. Y lo hacía exhaustivamente para todos los tipos de ecuaciones cuadráticas con coeficientes positivos.

En el texto se definen las especies de números como:

- tesoros (que podríamos asociar con el término cuadrático
de la ecuación)

- raíces (que se denominan así por las raíces del tesoro)

- simples números (no atribuidos a raíces, ni a tesoros)

Al ser la totalidad de los números considerados los positivos,
presenta cinco casos distintos de ecuaciones cuadráticas y uno lineal, que constituyen las formas canónicas (presentamos el enunciado del texto y la "trascripción" a nuestra simbología actual):

Tesoros y raíces iguales a números	$x^2 + bx = c$;
Raíces y números iguales a tesoros	$x^2 = bx + c$;
Tesoros y números iguales a raíces	$x^2 + c = bx$;
Raíces iguales a tesoros	$x^2 = bx$;
Tesoros iguales a números	$x^2 = c$;
Raíces iguales a números	$b^2 = c$.

En el libro se explica cómo resolver cada una de estas formas a partir de un ejemplo numérico y cómo reducir cualquier
problema al planteo de una de ellas. Las dos operaciones fundamentales que aparecen en el tratamiento de las ecuaciones son:

- *al-jabr*[31] : restaurar, componer, complementar, agregar,
completar

- *al-muqabala*: poner en oposición, balancear.

A*l-jabr* es la operación a través de la cual se completa un
cuadrado y consecuentemente, se agrega lo mismo a aquello que

---

[30] En su muy estimulante libro *Une histoire de mathématiques: Routes et
dédales*.

[31] De este vocablo árabe proviene la palabra "álgebra". En la Edad Media, se
llamaba "algebrista" al arreglador o componedor de huesos.

se tenía por equivalente (se traduciría como "sumar a ambos lados de una ecuación una misma expresión de manera de obtener un cuadrado de uno de los dos lados"). *Al-muqabala* (u oposición) es la manera de poder eliminar aquello que aparece igual en dos expresiones equivalentes (se traduciría como "restar a ambos miembros la misma expresión").

Los ejemplos se presentan siempre con coeficiente 1 para la parte cuadrática, *el tesoro*. Si se presentara más de un tesoro, hay que *reducir* la expresión a sólo 1; y si tuviera menos que 1 tesoro, habría que *completarlo* hasta que hubiera 1.

Reducir, completar, al-jabr y al-muqabala, son las operaciones con las que se logra transformar cualquier relación que se obtenga del enunciado de un problema en una de las formas canónicas. Las ecuaciones y las operaciones sobre ellas están todas expresadas en lenguaje retórico.

Una vez presentadas las regla de resolución de las formas canónicas, en el libro se plantean problemas y se presenta su resolución en tres etapas: construir una ecuación, reducirla a una forma canónica y aplicar la regla de resolución para esa forma.

Veamos la resolución de una de las formas canónicas, tratadas a través del ejemplo numérico $X^2 + 21 = 10X$. En primer lugar, se enuncia una regla para obtener el valor de x, parecida a los procedimientos de las tablillas babilónicas. Pero a continuación se ofrece una explicación de la regla que explicita una interpretación geométrica de los pasos efectuados y una validación del procedimiento *via* propiedades de las figuras. En esta segunda parte, la explicación del procedimiento comienza anunciando: *representamos el tesoro (x^2) con un cuadrado cuyos lados son desconocidos*. El procedimiento es expresado en lenguaje retórico y en términos de objetos –nombrados con letras como lo hace Euclides– y "operaciones" geométricas: dividir, extender, cortar un segmento, comparar áreas de diferentes figuras. No hay hasta el final de la resolución ningún dibujo que acompañe el procedimiento: recién después de obtener las dos soluciones de la ecuación planteada, se presenta un dibujo con la leyenda "ésta es la figura", a modo de justificación del procedimiento que se presentó.

Para poder seguir los distintos pasos del procedimiento de resolución, nosotros elegimos –a diferencia del original árabe– presentarlos con dibujos que expresen las transformaciones que se realizan.

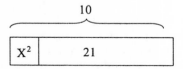

• Considera un cuadrado de lado desconocido y a él se le agrega una superficie de 21. Se obtiene un rectángulo cuyo lado mide 10.

• Se parte el lado 10 en dos 5 y 5, y se construye un cuadrado sobre le lado que mide 5.

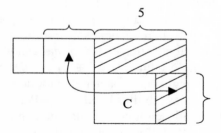

• El rectángulo de superficie 21 deja un pequeño rectángulo fuera del cuadrado de área 25. Lo trasladamos dentro.

El área rayada sigue siendo 21.

Nos queda una pequeña superficie cuadrada C, que tiene un área de 25 – 21 = 4. Su raíz es dos. Si le restamos 2 a 5, queda el valor buscado que es 3.

En el texto de Al-Kowarismi, alcanzado este punto, se ofrece otra solución: *Si se añade (el 2) a la mitad del lado (5) se obtiene 7, la raíz de un tesoro más grande.*

Recién ahora se agrega *"ésta es la figura"* y se presenta el dibujo

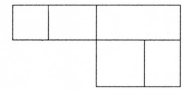

Observemos que si bien el procedimiento es adecuado para la obtención de las dos soluciones, la figura que se presenta para validarlo supone que $x^2 < 21$. Nosotros también supusimos eso en las figuras que presentamos para seguir los pasos. ¿Cómo serían estas figuras intermedias para el caso en que se partiera de suponer $x^2 > 21$?

El estudio de la resolución de las otras dos formas canónicas completas se presenta a través de los ejemplos $X^2 + 10\,X = 39$ y $X^2 = 10\,x + 41$. Lo dejamos a cargo de los lectores.

Si miramos en conjunto el trabajo que presenta Al-Kowarizmi en su obra, podemos reconocer trazas tanto del tipo del tratamiento babilónico de las ecuaciones como de la tradición demostrativa en geometría que se instala a partir de Euclides.

La geometría no solamente ha impuesto el canon de rigor en el tratamiento matemático sino que también se presenta como un campo consolidado de conocimientos que permite validar las operaciones que se están construyendo para resolver problemas "de ecuaciones". El nuevo lenguaje, con sus propias leyes, necesita el "aval" de conocimientos ya reconocidos.

Por otro lado, queremos destacar el hecho de que estamos frente a la "presentación en sociedad" de las operaciones necesarias para preparar una ecuación de modo tal que pueda ser resuelta mediante un cierto mecanismo ya fijado. El *al-jabr* y el *al-muqabala* se presentan como operaciones válidas pues contribuyen a la producción de un algoritmo estandarizado para la resolución de ecuaciones cuadráticas.

Estas mismas operaciones comandan desde entonces la resolución de ecuaciones lineales que los alumnos de hoy enfrentan sus primeros trabajos algebraicos.

Sexta parada:
Una mirada sobre el trabajo de François Viète y René Descartes

Letras para los datos

En Francia, finalizado el siglo XV, François Viète (1540-1603) introdujo (como habíamos anunciado antes) la utilización de letras para expresar en forma general los datos de un cierto problema, además de la designación de la incógnita con un símbolo, que ya era usual en esa época (elige vocales para las incógnitas y consonantes para los datos genéricos). El plan de Viète, amante de los clásicos griegos, consistía en copiar de la geometría el tratamiento de lo general, con el uso de letras para designar "un numero cualquiera", así como Euclides usaba letras en la demostración de un teorema para hablar de "un triángulo cualquiera".

Utilizar distintos tipos de letras para datos e incógnitas permitía identificar bien el objeto que se estaba tratando. Con letras designando los datos –lo que actualmente designaríamos parámetros- se podían discutir las condiciones de existencia y unicidad de los problemas *via* cálculo algebraico. Viète intentó buscar la relación entre coeficiente y raíces de una ecuación, pero no pudo comprenderla porque consideraba sólo las raíces positivas (únicos números admitidos en Europa por aquella época) y entonces no había una relación general entre raíces y coeficiente.

A su tratado sobre ecuaciones le da el nombre de "análisis": en lugar de ir de lo que se conoce a lo que no se conoce, como se hace en la deducción geométrica clásica griega (método de síntesis), se parte de suponer que el valor de la incógnita está y de establecer una relación de igualdad a partir de expresar de dos maneras distintas una misma cantidad que involucre la incógnita. Tal igualdad sólo se da para el (los) valor(es) adecuado(s) de la incógnita. A partir de dicha igualdad, se puede calcular el valor de la incógnita. Se trata de la tradición Babilonia-Diofanto-árabes. Luego del análisis viene la síntesis, la comprobación, como ya hacían los egipcios.

A pesar del tratamiento algebraico de las expresiones, la interpretación geométrica seguía vigente en el trabajo de Viète, que representaba los números como segmentos y sus potencias (cuadradas) como cuadrados, respetando rigurosamente el principio de homogeneidad. La geometría continuaba vigente como campo de interpretación de las expresiones algebraicas y de validación de los procedimientos de cálculo.

Una separación clásica en la historia del álgebra

La producción de Viète, sin duda, es una marca importante en la historia del álgebra. Tomando como criterio fundamental la evolución de las escrituras, algunos autores suelen dividir esta historia en tres grandes períodos: uno de álgebra retórica, donde enunciados y soluciones se escribían en lenguaje natural; otro de álgebra sincopada, cuando empiezan a aparecer símbolos que abrevian la escritura de los cálculos; y un tercer período de álgebra simbólica, en el cual el lenguaje básicamente ya es el del álgebra actual. Se ubica a Diofanto en la transición entre el primero y el segundo período, y a Viète en la entrada al álgebra simbólica.

Esta separación un tanto rígida del álgebra en tres etapas, atendiendo *solamente* a sus formas de escritura, es presentada por muchos historiadores y aún "aplicada" para clasificar los comportamientos de los alumnos (contemporáneos) en álgebra[32]. Así encontramos caracterizaciones del trabajo de los alumnos actuales como "prediofantino", "diofantino" o "vietano". Desde nuestro punto de vista, habría dos grandes objeciones para hacer a esta posición.

Por un lado, las relaciones entre abstracción, escritura simbólica y generalización son complejas, y no puede pensarse la historia como una evolución lineal en esos tres aspectos que conduce a las formas actuales. Como vimos en nuestra parada anterior, el

---

[32] Por ejemplo, el artículo de E. Harper (1987).

trabajo de Al-Kowarismi no retiene esta escritura sincopada de Diofanto, pero gana en generalidad en muchos aspectos.

Por otro lado, aplicar esta clasificación para interpretar los comportamientos de los alumnos actuales acarrea el supuesto de un paralelismo "natural" entre la génesis histórica de lo conceptos y la evolución en las construcciones de los alumnos. En la introducción de este capítulo esbozamos una crítica a esta posición, que ahora enfatizamos. Efectivamente, por un lado, no hay nada en las condiciones actuales de aprendizaje de nuestros alumnos que permita establecer un paralelo con las circunstancias en que los matemáticos de las diferentes épocas producían. Ni la misma manera de plantear los problemas, ni las mismas exigencias de validación, ni las mismas necesidades de comunicación (exigencias y necesidades que fueron variando en la historia). Por otra parte, estamos hablando de objetos algebraicos y de mecanismos de resolución de cuya transmisión la escuela es responsable (no pertenecen a "la vida diaria" de los sujetos): si hay algún paralelismo entre las etapas históricas y las etapas en el aprendizaje, habrá que preguntarse por el papel que le cabe a la escuela en ese recorrido.

Todo lo anterior nos hace pensar que esta clasificación de la historia del álgebra no aporta mucho a la comprensión de los fenómenos didácticos del aprendizaje escolar[33].

La correspondencia entre puntos y pares de números

Nuestra sexta parada –y con ella todo nuestro recorrido– está llegando al final, con una breve mención a la geometría cartesiana. **René Descartes (1596-1650)** lleva adelante un proyecto esencialmente nuevo: resolver problemas geométricos a través de la herramienta algebraica. La estrategia que propone es la de representar los objetos geométricos a través de objetos numéricos: los puntos se identifican con pares de números y las rectas con conjuntos de pares que verifican una cierta ecuación.

---

[33] En este punto, compartimos la mirada de L. Radford (1998).

Hay herramientas geométricas esenciales en esta modelización: el teorema de Pitágoras, que permite calcular la distancia entre dos puntos, y el teorema de Thales, que permite identificar las rectas con las soluciones de una ecuación lineal.

El principio de homogeneidad, presente en el trabajo matemático por más de veinte siglos, pierde vigencia con este tratamiento, y la consideración de una unidad en cada eje del sistema de representación permite ubicar en una misma línea, todas las potencias de un número ya localizado[34].

El trabajo algebraico va tomando el aspecto que ahora le conocemos.

Para quienes pensamos la matemática en la escuela, queda pendiente entender de una manera más fina cómo poner en juego en la enseñanza de la geometría la relación entre una perspectiva sintética y otra cartesiana.

Reflexión al final de nuestra incursión por la historia

Hemos recorrido en estas seis paradas diferentes tramos de los orígenes del álgebra, haciendo hincapié fundamentalmente en las complejas y ricas relaciones con la geometría. En las dos primeras paradas estudiamos un trabajo aritmético que encuentra fuerte apoyatura en distintos aspectos de lo geométrico. En la tercera parada nuestra intención fue desarrollar un "juego" por dos vías: reinterpretar el trabajo geométrico de Euclides a la luz de nuestros conocimientos algebraicos y, al hacerlo, enriquecer con nuevos sentidos a los objetos del álgebra.

Las tres últimas paradas pretenden mostrar cómo se fue modificando el trabajo algebraico hasta llegar al aspecto que le conocemos actualmente y cómo estas modificaciones se concretaron "con y contra" la geometría.

Conocer estas raíces y explorar estos viejos tratamientos nos han permitido dotar de nuevos significados geométricos a objetos y procedimientos algebraicos ya conocidos.

---

[34] Esto se puede hacer gracias a las relaciones que provee el teorema de Thales.

El análisis histórico interpela el modo distanciado en que usualmente álgebra y geometría conviven en la escuela. Pensar la geometría como herramienta para validar leyes y resolver problemas algebraicos y concebir al álgebra como herramienta para resolver problemas geométricos constituyen dos facetas de un "juego de marcos"[35] que permitiría a los alumnos la construcción de sentidos potentes para ambos campos. Es por tal motivo que consideramos que este tipo de trabajo sería deseable para la escuela. Asumimos el riesgo de preguntarnos sobre las condiciones generales de la enseñanza en las cuales se podría incorporar estas dimensiones al aula del secundario.

---

[35] Tomamos la noción de "juego de marcos" de Régine Douady (1986). Un *marco*, según Douady, está constituido por objetos de una rama de la matemática (el álgebra, la geometría, etc.), por relaciones entre éstos, por formulaciones diversas y por imágenes mentales asociadas a objetos y relaciones. La autora sostiene que, para abordar un problema matemático, cambiar de marco es un medio de obtener formulaciones diferentes de un problema que, sin ser completamente equivalentes, permiten la puesta en juego de herramientas y técnicas cuyo uso no surgía de la primera formulación.

Capítulo 2
Una entrada al Álgebra a través de la generalización

Introducción

En este capítulo nos interesa estudiar distintos aspectos de la complejidad que se pone en juego en la introducción del álgebra en la escuela (¿la escuela real?, ¿la deseada?, ¿la escuela posible?). Nos encontramos con una gran variedad de respuestas a la pregunta de cómo se introduce el álgebra en la escuela, y esta variedad reporta la multiplicidad de aspectos que pueden ser considerados como prioritarios –o al menos como piedras de base– en el trabajo algebraico.

Hay quienes ubican ese punto en el tratamiento de las *ecuaciones*, que en general conlleva el considerar las letras para designar números desconocidos (la letra como incógnita). Los alumnos se ven entonces enfrentados a las tareas de "poner en ecuación" un problema y "despejar la incógnita" (con todas sus reglas asociadas) como las primeras experiencias en el terreno del álgebra. Es la posición mayoritariamente adoptada en nuestro país.

Para muchos alumnos, las ecuaciones son "cosas que se despejan", y dominar las reglas de esta técnica suele ser una fuente inagotable de dificultades para ellos.

Ahora bien, las ecuaciones son objetos complejos y su tratamiento muy temprano suele llevar a una simplificación que oculta su naturaleza y las "des– carga" de sentido. ¿En qué radica su complejidad y por qué decimos que se produce una simplificación al enseñarla tan tempranamente?

Comencemos por preguntarnos qué se puede decir de la igualdad que aparece en la escritura de una ecuación. Por ejemplo, $2x + 4 = 7$ ¿es verdadera? ¿Es falsa? Ninguna de las dos cosas. El signo "igual" en la escritura de la ecuación está expresando una condición que se impone sobre x. Habrá valores de x para los cuales es verdadera y valores para los cuales es falsa. La ecuación, en definitiva, define un conjunto: el conjunto de valores de x para los cuales es verdadera. Ahora bien, para que ese conjunto esté bien definido hay que explicitar sobre qué dominio numérico se está considerando la ecuación: por ejemplo, si nos restringimos a los números naturales, el conjunto solución de la ecuación $2x + 4 = 7$ no tiene ningún elemento. Mientras que si consideramos la misma ecuación definida en el conjunto de números racionales, el conjunto solución está conformado por el número $\frac{3}{2}$. En la escuela, el dominio de definición de la ecuación suele ser implícito y en general no se presenta la ocasión de resolver una misma ecuación en dos conjuntos numéricos diferentes.

Los problemas que se presentan a los alumnos suelen hablar de un número desconocido pero dado, que cumple con ciertas condiciones que se expresan por una ecuación[36]. En esta presentación, la ecuación es asimilada a una igualdad (numérica) verdadera, de la cual no se conoce una parte (un número o una incógnita).

Al definir la ecuación como una "igualdad con incógnita", se acerca al objeto al campo de lo aritmético: es como una cuenta, de la cual se desconoce un término. La concepción que se cristaliza de este modo, asimila el concepto de ecuación al de "ecuación en una sola variable y con solución única". Al enseñar los procedimientos de resolución de las ecuaciones, el docente suele reafirmar esta concepción desde su discurso: *"si sumamos a ambos miembros el mismo número, se conserva la igualdad"*, y omite decir que lo que se conserva es el conjunto solución de la ecuación.

Desde esta concepción que interpreta la ecuación como una igualdad entre números no pueden comprenderse las ecuaciones lineales a una variable sin solución o con infinitas soluciones. Menos aún las ecuaciones cuadráticas o las ecuaciones en dos o más variables.

---

[36] Suelen ser escasos los problemas en que se pregunta por la posible existencia de una solución y bastante inusuales los problemas que tienen infinitas soluciones o ninguna.

Otra característica de la presentación escolar es que suelen plantearse al alumno problemas para resolver con ecuaciones que no hacen necesario el uso de esta herramienta: los recursos aritméticos de los que disponen suelen ser suficientes y tanto el planteo en forma de ecuación como la resolución a través de ésta devienen en una imposición, explícita o más implícita (*"estamos en el tema ecuaciones, tengo que usar una ecuación"*).

De este modo, separada de un elemental *principio de necesidad*, la nueva herramienta aparece como una complicación innecesaria. Su sentido no puede llegar a ser construido por los alumnos principiantes que se atienen a memorizar las reglas que permiten "despejar la x".

La tarea de "poner en ecuación" un problema, más costosa para los alumnos porque resiste a una algoritmización, suele presentarse libre de toda complejidad:

• No se presentan distintos problemas que se modelicen por una misma ecuación, lo que permitiría identificar la ecuación como modelo de un tipo de relación, un tanto independiente de cada situación particular .

• No se presenta un problema que, eligiendo las variables de diferente manera, admita dos ecuaciones distintas para modelizar las relaciones entre datos e incógnitas.

La ausencia de ambas situaciones lleva a pensar ilusoriamente una relación de uno a uno entre los problemas y las ecuaciones.

Enfrentar al alumno a problemas en los cuales la herramienta de las ecuaciones resulte francamente más eficaz o económica que los recursos aritméticos de que dispone implica el planteo de ecuaciones que –paradójicamente– son de una complicación técnica excesiva para un principiante.

Sin embargo, la mayor parte de las veces el verdadero "asunto" que se considera en la enseñanza para que los alumnos "entren en el mundo del álgebra" es el aprendizaje de las técnicas para "despejar la incógnita" en una ecuación lineal con una variable. Y se trata en general de ecuaciones para las cuales hay que realizar un tipo importante de transformaciones, para llevarlas al formato estándar $a\,x + b = c$. Suele asociarse la complicación técnica de los ejercicios que se proponen con un aprendizaje de mayor jerarquía.[37]

Se hace necesario pensar qué referencias puede tener un alumno principiante para comprender y controlar el sentido de estas trasformaciones.

Las técnicas de resolución de ecuaciones requieren transformaciones de dos tipos diferentes. Consideremos por ejemplo la ecuación 2 (x + 5) –7x + 9 = 5x + 4 (2-x) + 6.

Para resolverla, podemos comenzar operando de manera independiente en cada miembro de la igualdad, transformando la escritura en la de otra expresión que resulte equivalente a la dada, para cualquier valor de x: aplicar la propiedad distributiva, sumar los términos con x, o los términos numéricos, son transformaciones de este tipo.

Obtendríamos de este modo la ecuación -5x + 19 = x + 14.

La expresión 2 (x + 5) - 7x + 9 es equivalente a -5x + 19, es decir que ambas valen lo mismo para cualquier valor de la variable x.[38]

Ahora bien, para llegar a "despejar la incógnita" hay que efectuar otro tipo de transformaciones diferentes, aquellas que respetarán el conjunto de valores para los cuales la igualdad de ambos miembros va a resultar verdadera. Restar a ambos lados o "pasar sumando lo que está restando" es una operación de este segundo tipo. En los sucesivos pasos, las expresiones a cada lado de la igualdad ya no siguen siendo equivalentes a las primeras: -5x = x + -5; 5 = 6x; x = $\frac{6}{5}$, lo que se ha conservado en las tres ecuaciones es el conjunto solución.

La diferencia entre los dos tipos de transformaciones que acabamos de analizar suele permanecer implícita en la enseñanza,

---

[37] Para una caracterización mas detallada de la problemática de la entrada al álgebra por ecuaciones se puede consultar el artículo de Vergnaud (1988) o, referidos a nuestro sistema de enseñanza, los artículos de Panizza, M., Sadovsky, P. y Sessa, C. (1996, 1999).

[38] Volveremos un poco más adelante sobre esta noción de equivalencia de expresiones algebraicas.

y si se intentara explicitar estas diferencias en los tramos iniciales de la formación de un alumno, no habría suficientes elementos para que pudieran comprenderlas.

Estas paradojas que mencionamos y las simplificaciones un tanto inevitables ligadas a una presentación temprana de las ecuaciones nos llevan a pensar en otras posibles vías de entrada a lo algebraico.

La vía que queremos explorar se apoya en la idea de *generalización*. La generalización está en el corazón de la matemática. En el aula es un proyecto siempre presente para el profesor: damos un problema para poder trabajar, a través de él o a partir de él, aspectos generales (y esto es así se trate de los problemas referidos a contextos matemáticos o extra-matemáticos). Generalizar es encontrar características que unifican, reconocer tipos de objetos y de problemas. Al descontextualizar el trabajo hecho sobre un problema y discutir sobre la matemática involucrada, entramos en un proceso de generalización, que permitirá utilizar y adaptar lo hecho con este problema a otros problemas del mismo tipo.

Al presentar nosotros la generalización como una posible vía de entrada al álgebra, estamos pensando en esta herramienta como bien adaptada para poder tanto expresar la generalidad como proveer un mecanismo de validación de conjeturas apoyado en las reglas de transformación de las escrituras. Estamos pensando en las letras representando números generales o genéricos. En el presente capítulo nos ocuparemos de esta vía.

Una tercera vía, no del todo disjunta con la anterior, estaría dada por la construcción de la idea de *dependencia* entre dos magnitudes o cantidades y por la consideración de las letras para expresar esas cantidades *variables*. Explorar didácticamente esta entrada implica considerar la construcción del poderoso concepto de *función*[39]. Implica analizar desde el punto de vista de la enseñanza toda la complejidad inherente a la tarea de mo-

---

[39] Concepto que excede el terreno de lo estrictamente algebraico.

delización de fenómenos de la realidad. Requiere explorar la variedad de registros de representación semiótica que conlleva esta noción y reflexionar sobre el papel que juegan los procesos de conversión entre registros, en la construcción del sentido del objeto; en particular requiere analizar el complejo semiótico que constituyen los gráficos cartesianos[40].

Tanto las actividades ligadas a la generalización como la entrada funcional[41] proveen oportunidades para arribar al concepto de ecuación, objeto que puede considerarse entonces como una restricción que se impone en un cierto dominio. Desde este punto de vista es posible sostener la idea de variable o de número general en el tratamiento de las ecuaciones, lo que permite acceder a un mayor grado de complejidad del concepto y abarcar, desde esta concepción, las ecuaciones con más de una variable o las ecuaciones de mayor grado.

Una entrada vigorosa al álgebra requiere sin duda de la exploración de todas estas vías y de un trabajo que permita relacionar y diferenciar cada una de ellas.

Lo que estamos postulando es que la llegada a las ecuaciones desde la idea de variable, de fórmula o de número general pondría en mejores condiciones a los alumnos para atrapar el sentido de ese objeto en toda su riqueza. Como se verá en los desarrollos que siguen, el trabajo en torno a la generalización que proponemos permitiría que los alumnos construyeran referencias para realizar y controlar las transformaciones algebraicas que respetan la equivalencia de expresiones. De este modo, estarían en condiciones de abordar el objeto "ecuación" con mayor dominio técnico.

En el estudio que vamos a realizar sobre la generalización como vía de entrada al álgebra, identificamos dos zonas de trabajo que involucran lo algebraico desde aspectos un tanto diferentes:

---

[40] El estudio didáctico del objeto "función" será el tema de otro libro de esta colección.

[41] En principio, hemos establecido una separación entre estas dos vías de entrada, aunque el estudio detallado de ambos campos debería revelar fuertes lazos entre las dos.

1. la producción de fórmulas para contar colecciones

2. la formulación y validación de conjeturas sobre los números y las operaciones

Organizaremos nuestro estudio a partir del análisis de un conjunto de problemas referidos a cada una de las dos "zonas" que acabamos de identificar. Los ejemplos elegidos nos permitirán desarrollar algunas características del trabajo algebraico que trascienden lo específico de la generalización.

En la perspectiva de un plan integral de formación en el dominio del álgebra, extenderemos nuestro análisis de los problemas a otros aspectos didáctico-algebraicos que se ubican en el futuro del trabajo de los alumnos.

La producción de fórmulas para contar colecciones

En nuestro análisis, vamos a considerar los problemas que presentaremos a continuación como las primeras experiencias con el lenguaje algebraico a las que son enfrentados los alumnos.

Las características fundamentales de este lenguaje serán estudiadas aquí a propósito de las tareas que se plantean en los problemas. Estamos entonces seleccionando los problemas en función de la riqueza de las cuestiones didáctico-algebraicas que permiten atrapar. Elegir este tipo de problemas como una iniciación al trabajo en el aula comporta asumir de entrada la complejidad del campo nuevo que se está abordando. Si bien el trabajo anterior de los alumnos en el terreno de la aritmética será un punto de apoyo imprescindible, los elementos de ruptura que necesariamente implica enfrentar el álgebra no son *suavizados* sino puestos de relieve desde las primeras experiencias[42].

Un asunto central en todos los ejemplos es encontrar una fórmula para el paso n de una cierta colección que se construye iterativamente según un proceso que guarda una regularidad definida de un modo explícito. Es un trabajo con reminiscencias del estilo pitagórico. La producción de la fórmula es el punto de apoyo para abordar cuestiones constitutivas del lenguaje algebraico. En una clase, estas cuestiones tienen que ser profundizadas a través de un conjunto de problemas de este tipo que los alumnos deban enfrentar.

Ejemplo 1

El primer ejemplo que analizaremos fue presentado por primera vez en el libro de Combier, Guillaume y Pressiat (1996), y desde

---

[42] Para una caracterización de la ruptura que supone el pasaje de la aritmética al álgebra, se puede consultar el artículo ya citado de Vergnaud (1988) o también Panizza, M., Sadovsky, P. y Sessa, C. (1995).

entonces ha aparecido en distintos documentos, varios de ellos en nuestro país. Nos interesa analizarlo aquí porque es, de algún modo, un ejemplo "ejemplar".

La idea del problema es considerar cuadrados cuadriculados como el siguiente, variando la cantidad de cuadritos de la cuadriculación.

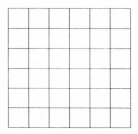

Se trata de contar los cuadritos que hay en el borde de la figura y de encontrar una fórmula que permita este cálculo en función de la cantidad de cuadritos del lado del cuadrado. Se plantea este problema como una de las primeras experiencias de los alumnos con la letras (12/13 años). La diversidad de maneras de contar los cuadritos sombreados dará origen a diferentes escrituras para la fórmula buscada. Sobre esta diversidad se planea apoyar una discusión en torno a la equivalencia entre las distintas escrituras. El enunciado del problema que se presente a los alumnos y su gestión prevista en la clase puede adoptar diferentes formatos. Fijemos uno para organizar nuestro análisis:

· *primera etapa:*
Se da a cada alumno un cuadrado dibujado con cinco o seis cuadritos de lado y se pregunta por la cantidad de cuadritos del borde.

· *segunda etapa:*
Se pregunta cuántos cuadritos habrá en el borde de un cuadrado de 37 cuadritos de lado.

Estas dos etapas se realizan en forma individual.

· tercera etapa:

Reunidos en grupos, los alumnos deben confrontar las soluciones y elegir una para hacerla pública. Se solicita a cada grupo que redacte una explicación del método utilizado para contar en el caso de 37 cuadritos de lado, de manera que pueda servir para contar en otros casos.

· cuarta etapa:

Discusión sobre los métodos de cálculo (que se supone estarán dados en lenguaje usual): se presentan en el pizarrón y cada grupo debe analizar los métodos de los otros, rechazar aquellos que considere erróneos y agrupar aquellos que considere formulaciones diferentes del mismo método de cálculo. Luego se ponen en común y se llega a acuerdos sobre rechazos y agrupamientos.

· quinta etapa:

Se solicita a cada grupo la escritura de una fórmula que refleje el método de cálculo que prefieran (el propio, o el de otro grupo).

Cuánto deberá explicar el profesor esta consigna dependerá de las experiencias previas de los alumnos pero parecería necesario pensar en un diálogo[43] con ellos que permita hacer público lo que entienden por "fórmula", recuperando posiblemente los ejemplos que conocen asociados al cálculo de un área o de un perímetro.

· sexta etapa:

Se presentan las diferentes fórmulas obtenidas (se espera una pluralidad de fórmulas correctas) y se discute en torno a ellas. Se trabaja sobre la noción de equivalencia de fórmulas.

---

[43] A propósito de la posibilidad de conversar con los alumnos acerca de las consignas, sostenemos una posición según la cual no hay consignas *claras para todo público*, sino que entendemos la necesidad de negociar los significados en un diálogo con el grupo-clase. En definitiva, ir avanzando en el aprendizaje matemático escolar tiene que ver también con ir entendiendo el significado de los enunciados en un sentido convergente al que se le da en la matemática como disciplina conformada.

· séptima etapa:

Se plantean a los alumnos diferentes preguntas que muestren la utilidad de la fórmula para conocer características de la situación que modeliza.

Vamos ahora a presentar elementos para el *análisis didáctico* del problema, que al mismo tiempo tomaremos como ejemplo para tratar cuestiones transversales que tienen que ver con las propiedades del lenguaje algebraico[44].

La **primera etapa** cumple la función de hacer comprender a todos los alumnos *de qué se trata.* Es posible que algunos pongan en juego estrategias muy simples, como el conteo directo sobre el dibujo. La **segunda etapa** los enfrentaría con los límites de tales procedimientos, alentándolos en la búsqueda de alguna simplificación para el conteo.

En el **momento de trabajo grupal**, diferentes estrategias estarán en confrontación y es probable que se pongan en juego criterios –quizás implícitos– como la economía, la claridad, la sencillez, u otros propios de cada grupo. Estos criterios determinarán la marcha de las comparaciones y la elección de una estrategia de cálculo (pasible de ser generalizada) para explicar por escrito y para el resto de la clase.

La experiencia realizada en varios cursos nos ha provisto de un repertorio de repuestas a esta cuestión. Muchas veces los alumnos acompañaron sus explicaciones con un dibujo. Elegimos las repuestas más usuales, aunque no hemos conservado el lenguaje de los chicos:

· sumar 4 veces 37, por los cuatro lados, y luego sacarle uno por cada esquina donde se superponen dos lados, o sea $37 \times 4 - 4$

· contar dos lados enteros de 37 y luego 35 por cada uno de los otros dos lados

---

[44] En ese sentido tomamos a este problema como ejemplo "ejemplar".

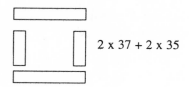

2 x 37 + 2 x 35

• contar los cuadraditos en cada fila de arriba para abajo: 37, 35 dos veces y luego 37 otra vez: 37+ 35 x 2 + 37

• contar tiras en cada lado de 36 cuadritos

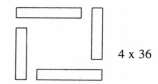

4 x 36

• contar todos los cuadritos del cuadrado de 37 de lado y restarle los del cuadrado de 35 de lado: $37^2 - 35^2$.

En la **quinta etapa**, cada uno de estos procedimientos derivará en una fórmula. Como después habrá que estudiarlas y eventualmente compararlas, puede ser conveniente que el docente proponga que todos utilicen la misma letra para expresarla.

La discusión sobre cada una de las escrituras en la **sexta etapa** será un momento propicio para empezar a hacer públicas cuestiones como la multiplicidad de formas diferentes de indicar un producto: 2 . n ; 2 x n ; 2n. Un docente que esté atento a las preguntas y dudas de sus alumnos puede aprovechar esta situación inicial para ir despejando asuntos que luego suelen ser fuente de malentendidos. Para hacer más consciente este aspecto de la pluralidad de escrituras correctas de un misma expresión, se invita al lector –un experto en álgebra– a escribir de diferentes maneras la expresión a x $\frac{b}{c}$.

Volviendo a nuestro trabajo con el problema, llegamos a un momento importante. El profesor se dirige a los alumnos: "*Cada grupo ha llegado a una respuesta, y ha producido una fórmula diferente* (suponemos la lista de mas abajo, que ha quedado escrita en el pizarrón luego del trabajo sobre la sintaxis):

- *2.n + 2 (n − 2)*

- *4. (n − 1)*

- *$n^2 - (n-2)^2$* (esta escritura posiblemente requiera la ayuda del docente)

- *4n - 4.*

- *n + (n − 2) . 2 + n*

¿Es posible? ¿Cómo lo explican?[45]

Éste es un momento de mucho desconcierto y discusión entre los alumnos. Algunos pueden pensar que la única repuesta correcta es la propia, otros suponer que es un problema con más de una respuesta y no pretender relacionarlas, y habrá finalmente otros que tratarán de ver en qué medida las distintas fórmulas que aparecieron escritas son iguales. Confluyen efectivamente en este episodio varios asuntos didácticos:

- un problema que se pueda resolver por distintos caminos o procedimientos: es un asunto general que necesita sostenerse en todo el proyecto de enseñanza. Dependerá, entre otras cosas, de las experiencias previas de los chicos, del grado de *novedad* de esta cuestión en la clase. Es algo que está presente desde las etapas previas del problema.

- la posibilidad de que un problema admita dos respuestas diferentes. Instalados en este supuesto, puede que los alumnos no busquen ninguna relación entre las distintas fórmulas producidas.

- la respuesta a un problema es una fórmula: es algo nuevo, del tipo de objeto que se está abordando. Producir fórmulas como tarea es algo que los alumnos nunca hicieron antes y debe ser desarrollado con distintos problemas y actividades.

---

[45] No se está considerando aquí el análisis de producciones erróneas que pueden ocurrir en una clase.

• se obtienen distintas fórmulas y todas son correctas, porque cuentan o calculan lo mismo para cada valor de la variable. Es un concepto a construir, para el cual este problema inaugura el trabajo: la noción de equivalencia de expresiones algebraicas. Discutir en torno a la equivalencia entre las distintas fórmulas admite un trabajo en tres planos diferentes:

• evaluar las distintas fórmulas en números particulares y constatar que den igual (validación insuficiente, pero no incorrecta)

• asegurarse que esto es así, pues todas las fórmulas cuentan lo mismo (es decir, apoyarse en lo correcto de cada fórmula para contar los cuadritos del borde y concluir que valen lo mismo para cada valor de la variable independiente).

• apoyarse en las propiedades de los números y de las operaciones para afirmar la igualdad de dos cálculos, para todo valor de n.

Este último punto, que posiblemente requiera de una intervención docente para gestarlo, constituye un inicio justamente del tratamiento algebraico de las expresiones. La potencia de este problema está en poder explotar este tercer aspecto en interacción con el primero y el segundo. O sea, apoyarse en el contexto para fortalecer el sentido de la equivalencia de las escrituras algebraicas, aprovechar las evaluaciones en ejemplos numéricos, como fuente de información pertinente para formular la equivalencia de las expresiones, pero no suficiente para validarla.

Esta equivalencia, que se presenta ahora como estática (dos fórmulas dadas son equivalentes), derivará en un futuro en leyes de transformación más dinámicas, que permitirán *pasar* de una escritura a otra, conservando la denotación de la expresión algebraica. Usamos el término denotación apoyándonos en una caracterización de Frege (1892)[46]. Por ejemplo, las expresiones *4,*

---

46 Toda expresión algebraica denota una función (para cada valor de la variable se obtiene un número que es la evaluación de la expresión para esos valores), mientras que una ecuación, o un sistema de ecuaciones, denota una función booleana (para cada valor de las variables en juego, se tiene una proposición de la cual se puede decir si es verdadera o falsa, y el conjunto solución de la ecuación es el conjunto formado por aquellos valores que dan una proposición verdadera).

$2+2$ y 2^2 tienen la misma denotación, como así también las expresiones (x^2-y^2) y $(x-y) . (x+y)$, y las ecuaciones $2x + 3 = 7$ y $2x = 4$.

J. P. Drouhard *et al.* (1995) señala que lo que falla fundamentalmente en los alumnos con dificultad en álgebra es que no tienen en cuenta la denotación de los objetos algebraicos que manipulan, y que en particular desconocen que al trabajar con expresiones algebraicas o con ecuaciones es preciso conservar dicha denotación[47]. J. P. Drouhard et al. describen como "autómata formal" a un alumno que no tiene en cuenta, cuando manipula las expresiones del álgebra elemental, que al transformar una de ellas debe obtener una equivalente. En este caso, la pregunta de la validación del resultado no se plantea en términos de la equivalencia de las escrituras obtenidas, sino ante todo en términos de conformidad con reglas y procedimientos (por ejemplo, "lo que está restando pasa sumando").

Modificar el sentido conservando la denotación es una de las características fundamentales del trabajo en el lenguaje algebraico y la que le otorga su potencia.

El hecho de que distintas escrituras con la misma denotación tengan sentidos diferentes se apoya en una propiedad fundamental del lenguaje algebraico como es la posibilidad de leer información en la escritura de una expresión. Por ejemplo, las expresiones "$(x-1).(x-5)$" y "$(x-3)^2 - 4$", son equivalentes y denotan la misma función cuadrática pero portan diferentes sentidos: la primera "muestra" los ceros de esta función (o las raíces de este polinomio), en tanto que la segunda permite identificar rápidamente el eje de simetría y el vértice de la parábola que corresponde al gráfico de la función.

---

[47] En la misma línea que J. P. Drouhard *et al.*, L. Linchevsky y A. Sfard (1991) observaron que, para la mayoría de los estudiantes que entrevistaron, dos ecuaciones eran equivalentes solamente cuando ellos podían visualizar que se había efectuado una operación "permitida" que transformaba una en la otra. No observaron ningún rastro de la idea de "conservación del conjunto solución".

La lectura de información en una expresión algebraica es el asunto de la **séptima etapa** de nuestro problema[48]. Hay una variedad de preguntas posibles de formular:

• ¿Existe algún valor de n para el cual la cantidad de cuadritos sombreados sea 587?

• Dos alumnos contaron los cuadritos sombreados de un cierto cuadrado: uno obtuvo 6.592 y otro 6.594. ¿Se puede saber cuál de los dos contó bien?

Para responder a cualquiera de estas preguntas, los alumnos deberán identificar que el resultado del conteo es siempre un múltiplo de 4.

Supongamos que unos alumnos se apoyan en la expresión *4n–4*. Podría ser que atraparan primero que 4n es múltiplo de 4, y luego se apoyaran en una idea de "tabla del cuatro" para establecer que, restando 4, se "corrieron" a otro múltiplo.

Si partieran de la expresión *4.(n–1)*, podrían llegar a reconocer más rápidamente que se trata de un múltiplo de 4.

En ambos casos, los alumnos deben saber que todo múltiplo de 4 puede expresarse como el producto de 4 por cualquier número entero.

Notemos que si bien la pregunta *¿existe algún valor de n para el cual la cantidad de cuadraditos sombreados sea 587?* llevaría al planteo de una ecuación, no es necesario *"despejar la n"* para responder a ella.

Las otras fórmulas que anticipamos que los alumnos producirían se muestran menos amigables para responder estas preguntas, en particular la de diferencia de cuadrados se muestra bastante mal adaptada para tal fin. Esto permite identificar cómo, en función de la tarea, una fórmula resulta más conveniente que otra.

Será necesario otro tipo de preguntas para mostrar en acción la fórmula con cuadrados. Una posibilidad es poner en juego la

---

[48] Volveremos sobre esta característica del lenguaje algebraico en la segunda parte de este capítulo, con las actividades de formulación y validación de propiedades sobre los números.

equivalencia entre esta expresión y otras, salirse del contexto del problema y preguntar lo siguiente:

"*¿Es cierto que todo múltiplo de cuatro se puede escribir como la resta entre dos números cuadrados?*

¿Podés encontrar esta diferencia para el número 4 x 198.557?

Si te parece que no siempre se puede hacer, encontrá un múltiplo de cuatro que no lo cumpla."

Se trata en este caso de un trabajo directo sobre la equivalencia entre dos fórmulas que permite encontrar los dos cuadrados 198.558^2 y 198.556^2.

En el plan integral de formación algebraica, los alumnos deberán aprender, tanto a controlar las leyes de transformación de las escrituras como a anticipar sus efectos sobre una expresión dada, para poder elegir la transformación mejor adaptada al problema que están tratando. Nicaud (1993) habla de tres diferentes niveles semánticos referidos al tratamiento de las expresiones:

1° nivel (nivel de evaluación): dar sentido a una expresión algebraica mediante el reemplazo de valores en las variables y la realización del cálculo correspondiente.

2° nivel (nivel de tratamiento): trasformar las expresiones en otras equivalentes. Implica conocer las transformaciones y saber justificarlas. Tal justificación reposa en el hecho de que una expresión y su transformación coinciden en toda evaluación.

3° nivel (nivel de resolución de los problemas): tener conocimiento de estrategias que permitan la elección de las transformaciones adecuadas para resolver un determinado problema, haciendo significativo el cálculo. Implica, necesariamente, saber anticipar el efecto de las transformaciones a realizar.

Por ejemplo, un estudiante deberá aprender que

$(x + 1) \cdot (x - 5) = (x - 2)^2 - 9 = x^2 - 4x - 5$

deberá saber cómo transformar cualquiera de estas expresiones en otras y deberá optar por la más conveniente, de acuerdo con la tarea a realizar (hallar las raíces de una ecuación cuadrática, dibujar la gráfica de una parábola, hallar su vértice, sumarla o restarla a alguna otra expresión, etc.).

Muchos alumnos no llegan a dominar este tercer nivel en el tratamiento de las expresiones algebraicas, es decir, frente a cada problema no llegan a "darse cuenta" de cómo organizar su actividad para poder arribar a una conclusión.

Las actividades que estamos presentando apuntan directamente a la construcción propia de ese tercer nivel semántico del que habla Nicaud, que se presenta entonces en simultáneo con un trabajo en los otros dos niveles. Lejos del autómata formal de J.P. Drohuard, pensamos en una alumno que vaya construyendo sus herramientas de control y sus estrategias para elegir.

Mirando la totalidad del problema tal vez pueda comprenderse mejor nuestra posición respecto de la construcción de técnicas para tratar las expresiones algebraicas: se trata de proponer contextos que ofrezcan elementos para producir y validar las técnicas.

Estamos en los tramos iniciales de este programa integral, y la actividad de producción de fórmulas necesita de toda una gama de problemas para *prender* en los alumnos principiantes. Presentamos algunos otros a modo de ejemplo e incluimos algún esquema de los elementos de su análisis didáctico. Empezamos por un problema sencillo, a modo de asentar los asuntos didácticos que estamos tratando.

Ejemplo 2

Se propone la siguiente sucesión de figuras, construidas con fósforos

y se informa que la secuencia continúa agregando en cada paso un cuadrado más.

Tareas posibles para los alumnos:

a) Calcular la cantidad necesaria de fósforos para construir la figura que ocuparía el sexto lugar.

b) *Calcular la cantidad de fósforos necesarios para construir la figura en el lugar 100 de la secuencia*

c) *Hallar una fórmula para la cantidad de fósforos del lugar n.*

Puesta en común y discusión sobre la equivalencia de eventuales respuestas. Son probables:

• 3n+1, que corresponde a mirar n de estas formas ⌐ y un fósforo más para cerrar;

• 4 + 3 (n–1), que corresponde a mirar un cuadrado entero y luego n-1 de las formas anteriores;

• 4n – (n–1), que corresponde a tomar todos los cuadrados completos y luego restarle los lados superpuestos.

d)   Se formulan preguntas para hacer "funcionar" la fórmula. Por ejemplo, *¿Podrá ser que en alguna ubicación la figura tuviera 154 fósforos? ¿Si tengo 1.550 fósforos, y armo una figura de esta forma lo más grande posible, me sobra alguno? ¿Cuántos cuadrados me quedan formados?*

Como en el ejemplo anterior, el tratamiento puede ser del estilo: *buscamos el múltiplo de tres más cercano a 1.550, que es 1.548, si le sumamos 1 es 1.549, con esos 1.549 armo una figura completa y entonces de los 1.550 fósforos sobra 1 y la cantidad de cuadrados será* $\frac{1.548}{3}$.

Podríamos pensar en distintas variantes a este ejemplo 2, que derivaran en fórmulas con diferente nivel de complejidad.

Por ejemplo, contar los fósforos en una disposición de triángulos como la siguiente, donde cada vez se agrega un triángulo más.

O en disposiciones rectangulares de 2 cuadraditos por fila y con n cuadraditos por columna.

O en disposiciones cuadradas o en disposiciones con filas y columnas que guarden alguna relación: el doble de filas que de columnas, una fila más que la cantidad de columnas, etc.

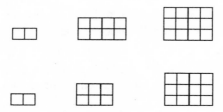

El siguiente ejemplo[49] trae una novedad.

Ejemplo 3

Enunciado de la situación para los alumnos:

Primera parte

"Para separar un patio de un lavadero se colocan en línea canteros cuadrados rodeados de baldosas de la misma forma como indica el dibujo:

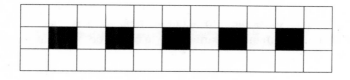

---

[49] Este ejemplo fue aportado por las Profesoras Susana Beltrán y María Haydee Barrero, de la Escuela Normal N° 3, y publicado en "Algebra: ¿por qué trabajar con letras?", Revista *Novedades Educativas,* N° 150, pp. 31-32.

Como en los problema anteriores, se pueden proponer distintas preguntas para llegar a la elaboración de una fórmula que permita calcular la cantidad de baldosas a utilizar en función de los canteros. Algunas de las fórmulas que podrían surgir son:

• 8 + 5 (n-1), si uno cuenta 8 que rodean totalmente al primer cantero y 5 por cada uno de los restantes.

• 5n + 3, si se cuentan 5 baldosas por cada cantero, en una forma ⊐ y tres más para cerrar al final;

• 3 (n+1) + 2n, si se cuentan todas las columnas verticales de 3 baldosas y se le suman 2 baldosas más por cada cantero;

• 2 (2n+1) + n + 1, si contamos 2n + 1 la fila de arriba, la multiplicamos por 2 para agregar la de más abajo y le sumamos n + 1, que es la cantidad de baldosas en la fila del medio;

• 3 (2n+1) − n, si contamos la totalidad de lugares en la grilla rectangular y le quitamos los que ocupan los canteros.

La discusión acerca de la equivalencia de estas expresiones es parte importante del trabajo sobre este problema. Después pueden venir preguntas que apunten a la utilización de la fórmula.

Segunda parte

Se les propone a los alumnos que repiensen el problema si las baldosas y los canteros fueran de forma hexagonal. No se presenta ningún dibujo en esta parte.

La segunda parte plantea una situación mucho más exploratoria para los alumnos: deberán dibujar ellos mismos un posible patio con canteros y baldosas para realizar una representación del problema. Ahora bien, los canteros hexagonales pueden ubicarse de muchas maneras para armar la banda de baldosas, entre ellas estas dos,

que dan lugar a disposiciones que requieren de distinta cantidad de baldosas.

Dejamos como ejercicio para el lector explorar distintas formas de contar cada una de las colecciones y encontrar una fórmula en cada caso.

Si en la clase distintos grupos de alumnos producen un dibujo colocando el cantero en uno u otro sentido, arribarán a fórmulas que cuentan distintas colecciones. Esto constituye algo nuevo, inesperado, en relación con los problemas que venían enfrentando. Muchos chicos pueden intentar probar que las fórmulas obtenidas ahora también son equivalentes, porque cuentan las baldosas alrededor de canteros hexagonales.

El concepto de equivalencia de expresiones será ahora completado con una regla que es necesario construir: dos fórmulas o expresiones no son equivalentes si, verificando en un solo valor de n, ambas arrojan resultados distintos.

En relación con el problema, será necesario analizar que un mismo enunciado verbal lleva a dos situaciones diferentes, porque se ha dejado una libertad de elección en la posición del cantero hexagonal, dando lugar a dos situaciones numéricamente distintas. El contexto y el trabajo algebraico se nutren mutuamente para la construcción del sentido de las reglas que rigen la manipulación en este lenguaje.

Una reflexión más en torno a la regla que enunciábamos antes: en el caso de las dos fórmulas que se obtengan para las situaciones del patio con canteros hexagonales, la evaluación de ambas *en cualquier valor* de n arrojará resultados distintos. En este u otro momento habrá que poner en escena una situación diferente, en la cual dos fórmulas coincidan en uno o varios valores pero no sean equivalentes. En el plan de formación integral, sería conveniente enfrentar al alumno a tareas como la siguiente [50] inspirada en J. P. Drouhard *et al. (op.cit.)*

$$(a + b)^2 = \ldots\ldots\ldots\ldots$$

a) Completá con una expresión algebraica a la derecha del igual, de manera que la igualdad resulte verdadera para todo valor de a y b.

b) Completá con una expresión algebraica a la derecha del igual, de manera que la igualdad resulte siempre falsa.

c) Completá con una expresión algebraica a la derecha del igual de manera que la igualdad resulte a veces verdadera y otra veces falsa. Da un ejemplo en que resulte verdadera y otro en el que resulte falsa.

d) Describí el conjunto solución del ítem c).

O aun tareas como:

a) Inventá dos expresiones equivalentes.

b) Inventá dos expresiones en una variable n de manera que no sean iguales para ningún valor de n.

c) Inventá dos expresiones en una variable n de manera que sean iguales para algún valor de n y falsas para algún otro. ¿Cuáles son todos los valores de n para los cuales son iguales?

Con este tipo de problemas, se pone un matiz a la dualidad "=, ≠", que resultaba suficiente para tratar cuestiones numéri-

---

[50] Se trata de un trabajo que apunta directamente a la tan conocida "igualdad", $(a + b)^2 = a^2 + b^2$, que suelen aceptar como correcta muchos alumnos. Un trabajo en el marco geométrico, que permita visualizar los rectángulos que faltan entre uno y otro miembro de la igualdad —como presentamos en el capítulo 1–, es sin duda otro aporte a la construcción del sentido de la imposibilidad de distribuir al exponente en una suma.

cas. Aparece ahora la novedad de una igualdad de expresiones que no es ni siempre falsa ni siempre verdadera. Se trata de la noción de ecuación reencontrada, que permite comprender estas igualdades que determinan un cierto conjunto solución.

Las consideraciones anteriores nos llevan a identificar la necesidad del uso de cuantificadores en el trabajo con expresiones algebraicas. Muchas veces esos cuantificadores permanecen implícitos, con la intención de simplificar el tratamiento. Y queda a cargo de los alumnos entender la diferencia entre la igualdad $(a+b)^2 = a^2 + 2ab + b^2$, que expresa la equivalencia de dos expresiones algebraicas, y la igualdad $(a+b)^2 = a^2$, que expresa una condición que se impone y que determina un conjunto de valores que hace verdadera la igualdad (una ecuación). La "tentadora" igualdad $(a+b)^2 = a^2 + b^2$ suele ser calificada como *falsa, incorrecta o errónea*, y raramente es trabajada como condición que defina un conjunto solución $a = 0$ ó $b = 0$.

Presentamos a continuación dos situaciones más de conteo de colecciones que importan una mayor complejidad y al mismo tiempo permiten un trabajo más variado para resolverlas. Podrían corresponder a una segunda instancia de trabajo en la producción de fórmulas.

Ejemplo 4

Se trata de contar la cantidad de puntos en una configuración triangular en función de la cantidad de puntos en la base. Es el cálculo de los números triangulares o también la de la suma de los n primeros números naturales. Hemos explorado ese problema al estilo de los pitagóricos en el capítulo 1. Queremos ahora estudiarlo como un problema posible para el aula. La situación, con algunas variantes, fue probada con alumnos de octavo año en el marco de una investigación didáctica[51], y tomaremos para nuestro análisis algunos comportamientos de los alumnos que se registraron en aquella ocasión.

---

[51] Tesis de maestría de Nora Zon (2004).

Supongamos que se les presenta a los alumnos la siguiente serie y se explica cómo continúa, agregando cada vez una fila más abajo con un punto más.

Las tareas a realizar podrán ser las siguientes:

1) Se propone el cálculo de la cantidad de puntos que hay en las figura que está en el séptimo lugar, luego en el lugar número 50.

Se pide el cálculo para 7 y para 50 por las razones que estudiamos en el caso del primer problema: si un alumnos utiliza recursos muy simples como el conteo sobre el dibujo para el primer número, esas estrategias resultarán insuficientes para el segundo y deberá organizar su cuenta de manera de poder hacerla efectiva para un número como 50.

Si los alumnos no avanzan, el docente puede aportar elementos en relación con lo que vengan desplegando.

Por ejemplo, si el trabajo lo están planteando en el terreno de lo numérico y hacen cuentas, tenderá a que ellos puedan "atrapar" que los términos equidistantes de las puntas en toda la tira 1 + 2 + 3..... + 49 + 50 suman lo mismo.

Si los alumnos se están apoyando en la forma "triángulo", y trabajan en algún sentido en el terreno de lo geométrico, se puede apuntar a que consideren dos triángulos para llegar a una configuración cuadrada o rectangular. El triángulo de 50 en la base en conjunto con el triángulo de 49 en la base se pueden acomodar para obtener un cuadrado de 50 x 50, pero en ese caso habría que conocer la cantidad de puntitos del triángulo 49 para poder obtener el resultado para n = 50. Si por el contrario se acomodan dos triángulos de 50 en la base, se puede obtener un rectángulo de 50 x 51.

También podrá suceder que los alumnos prueben calculando a mano con más ejemplos que el 7 y traten de "extraer" de estos resultados numéricos alguna regularidad que luego extiendan de manera inductiva hasta convertirla en una ley, enunciada o no como ley general, que se "aplica" al caso n = 50. Hemos observado una y otra vez este fenómeno de generalización inductiva en las aulas, tanto en este problema como en todos los que implican la producción de una fórmula general (no es sólo la producción de una fórmula lo que está en juego sino el modo de obtenerla). En estos casos el papel del docente es más delicado: cuando les pide alguna *justificación* de aquello que están tomando como regla general, los alumnos suelen sentirse incómodos. Para ellos es así porque funciona en todos los ejemplos que pusieron; buscar otra explicación suele ser ubicado como un requerimiento *excesivo* del docente.

Se trata, por un lado, de ir instalando en la clase la necesidad de alguna forma de validación más segura y más explicativa que la generalización inductiva. El ejemplo 7, que presentaremos más adelante, apunta en esa dirección.

En otro plano, se trata de ir incorporando algunos *gestos* de la manera de producir en la matemática, aquellos relacionados con los modo de validar. Ambos planos se enmarcan necesariamente en un proyecto a largo plazo y requieren de la negociación colectiva con el grupo-clase[52]. Es en este espacio colectivo donde constantemente se van modificando y enriqueciendo las normas que regulan el trabajo de los alumnos en un curso[53].

Volviendo al problema que estábamos analizando, la confrontación con las producciones de otros alumnos puede jugar un papel importante pues pone en contraste distintas calidades de trabajo, que serán objetadas o aceptadas por los pares.

---

[52] En esta negociación, el papel del docente es diferenciado y fundamental, él es el representante de la matemática en la clase y como tal siempre ejercerá el control epistemológico de aquello que se acepta como válido, aun cuando sea consciente de que se está aceptando *transitoriamente* como válido.

[53] En Sadovsky y Sessa (2004) se presenta un ejemplo del papel de las interacciones en la construcción y modificación de las normas que regulan el trabajo en la clase.

2) *Se propone a los alumnos que establezcan la cantidad de puntitos de la figura que se encuentra en la posición n.*

El análisis didáctico de esta parte del trabajo se modifica fundamentalmente según se considere que el punto 1 ha tenido o no una instancia de discusión colectiva y cuánto se avanzó allí en el análisis del caso en que se contó la cantidad de puntitos del triángulo, con 50 en la base. El desafío y la dificultad que presente para los alumnos el caso n puede ser mucho menor si se trató el caso 50 con mucha profundidad y como un ejemplo genérico.

Un trabajo colectivo en profundidad para el caso n = 50, podría llevar a muchos alumnos a abandonar sus formas personales de trabajo y a elegir alguna de otro compañero que consideren más clara, más pertinente o más eficaz. En muchas de estas consideraciones aportarán tanto las concepciones e ideas más genuinas de los estudiantes como las interpretaciones que ellos hagan de los gestos, las palabras o aun la entonación de la palabra del docente, a medida que se vayan trabajando públicamente estas producciones[54].

Nosotros vamos a suponer para nuestro análisis que todavía ese trabajo en el espacio colectivo está pendiente. Sigamos entonces a nuestros hipotéticos grupos de alumnos que trabajan en distintos marcos[55].

Podría ocurrir que aquellos alumnos que hubieran trabajado en un plano estrictamente numérico, para usar el "hecho" de que los términos equidistantes suman los mismo, se vean necesitados de distinguir el caso en que *n* es par del caso en el que es impar. Sería interesante para ellos constatar que llegan en ambas situaciones a la misma fórmula. Es un asunto nuevo que el caso n = 50 no les había obligado enfrentar.

Los alumnos que hubieran trabajado en el plano geométrico, de encaje de dos triángulos iguales pueden llegar a la fórmula

---

[54] En el artículo de Patricia Sadovsky (2005) se encuentra una referencia a la noción de *contrato didáctico*, concepto teórico que permite modelizar los fenómenos que aquí mencionamos.

[55] Usamos el término "marco" en el sentido de R. Douady, que explicitamos hacia el final del capítulo 1.

general apoyados en la misma representación de la situación que construyeron para n = 50. En ambos casos, los alumnos mirarían un dibujo con un número pequeño, entendiendo en el ejemplo que la situación se repetirá con cualquier número n.

Es la manera de trabajar de los pitagóricos, que si bien no es aceptada como rigurosamente correcta en la matemática actual, nos parece interesante aceptar como suficientemente fundamentada en el aula de clase. Este dibujo de dos triángulos encajados que arman un rectángulo puede modelarse numéricamente agrupando los términos que aparecen al sumar dos veces 1+2+3....+n, de manera de obtener n sumandos cada uno con valor n+1.

El tercer grupo, que buscaba regularidades numéricas a partir de algunos ejemplos, llegaría también inductivamente a la fórmula, de manera similar a lo analizado para n = 50.

Presentamos algunos ejemplos de esta modalidad, referidos a la investigación de Nora Zon que citamos anteriormente.

Por ejemplo, un alumno buscó "regularidades" estudiando los casos n = 3, 4 y 5, para los cuales se le ocurrió dividir el valor de la suma que obtenía por n. Observó que el resultado era como $\frac{1}{2}$ n más $\frac{1}{2}$ y estableció la siguiente ley:

Si se divide el número triangular Tn por el rango (n), se obtiene el $\frac{1}{2}$ del rango + 0,5" y llegó a sí a la fórmula:

$$T_n = (\frac{1}{2} n + 0,5) \cdot n$$

Otra alumna calculó el área del cuadrado de lado n, lo dividió por dos y estudió la diferencia entre esto y los números triangulares para rango cuatro y ocho. De estos dos ejemplos "concluyó" que *la diferencia entre la mitad del cuadrado del rango y el número triangular es la mitad del rango,* de allí estableció la fórmula:

$$T_n = \frac{1}{2} n^2 + \frac{1}{2} n$$

Esta alumna, luego de la establecer su fórmula, afirmó que la misma *"valía seguro"* para todo número par (probablemente porque sus ejemplos de "base" fueron pares y porque la presencia del $\frac{1}{2}$ le provocaba cierta inseguridad con respecto a lo que sucedería con el rango impar). Necesitó comprobar con un número impar (31), haciendo con la calculadora la cuenta de la suma de los 31 números y verificando que daba lo mismo que al aplicar la fórmula. Esto fue suficiente para que llegara a convencerse de que la fórmula funcionaba siempre.

Estos alumnos no tienen ninguna conciencia de por qué esta regularidad va a seguir repitiéndose para todos los valores, llegan a la generalidad por un atajo que en verdad tiene el estatuto de conjetura, aunque ellos la acepten como suficientemente validada por los ejemplos en los cuales la chequean.

Hay una gran distancia entre este tratamiento inductivo de los ejemplos y la comprensión del fenómeno general a través de un dibujo de dos (necesariamente un ejemplo) triángulos encajados.

Como decíamos a propósito del punto 2, el espacio colectivo cumplirá aquí un papel muy importante para hacer avanzar la calidad de las producciones de todos los alumnos. Para gestar ese espacio y que no se restrinja a las habituales interacciones radiales de cada grupo con el docente, se puede necesitar una organización específica (por ejemplo, por grupos según el trabajo realizado, se les puede pedir a cada uno que redacte un afiche donde se exponga su procedimiento; si esto resultara muy costoso por razones de tiempo, el docente puede solicitar que se lo dicten a él y escribir en el pizarrón lo más fielmente posible aquello que los alumnos expresan verbalmente).

Resumiendo parte de lo que analizamos a propósito de los puntos 1 y 2, podemos identificar tres aproximaciones diferentes al trabajo sobre estas preguntas:

• apoyarse en varios ejemplos e inferir regularidades a partir de ellos;

• apoyarse en el contexto geométrico de la situación que permite comprender que siempre se obtiene un cierto rectángulo al sumar dos veces un número triangular;

• apoyarse en un trabajo numérico con la introducción de letras para tratar con números generales, que permita obtener n veces n+1 cuando uno suma dos veces el número triangular de rango n.

Con esta diversidad en la clase, la gestión del docente –lo decimos una vez más– resulta imprescindible para lograr la puesta en relación de unas producciones con otras y obtener de este modo un enriquecimiento en la conceptualización de cada uno de los alumnos. La diversidad, contrariamente a como es vivida muchas veces, otorga un *plus* que permite hacer avanzar el tiempo didáctico[56].

La posibilidad de obtener finalmente diferentes fórmulas para expresar el conteo de un número triangular da la oportunidad de trabajar nuevamente sobre la noción de equivalencia de expresiones.

El problema puede continuar en la clase con otras tareas para poner la fórmula en funcionamiento. Por ejemplo, se puede preguntar:

3) *¿Habrá algún triángulo formado por 70 puntitos?*

Con las herramientas pertinentes, se trataría de resolver una cierta ecuación cuadrática. Para el momento de la escolaridad en la cual estamos ubicando este problema no se dispone de esta herramienta, lo que permite pensar en el despliegue de otro tipo de estrategias y la puesta en juego de otros conocimientos.[57] Podría pensarse la situación de dos maneras diferentes.

Una posibilidad es analizar que se trata de encontrar dos números consecutivos cuyo producto es 140. Haciendo las descomposiciones de 140 en dos factores, verían que en ningún caso los dos números resultan consecutivos.

Otra alternativa sería armar una tabla de productos de dos números consecutivos, en la cual figuren

11 . 12 = 132

12 . 13 = 156

y concluir que no se puede obtener nunca 140.

---

56 De una manera menos lineal y continua que la que solemos imprimirle desde nuestros planes de clase.

57 En el capítulo 1 hablábamos sobre esto: los conocimientos que se activarían y aquellos nuevos que se producirían con un problema hay que buscarlos en la interacción del problema con un determinado sistema de conocimientos de aquél o aquellos que lo enfrentan.

También se podría confeccionar directamente una tabla para la suma y constatar que para n = 11 hay 66 puntitos y para n = 12 hay 78, con lo cual no puede haber un triángulo con 70 puntitos.

Es la oportunidad de enfrentar a los chicos con una fórmula un poco más compleja, que deriva en el planteo de una ecuación que puede ser estudiada dentro del conjunto de números naturales, sin apelar a un procedimiento estandarizado. O sea, se estaría propiciando un trabajo temprano con fórmulas y ecuaciones más cualitativo, previamente a los métodos de resolución.

Presentamos a continuación otro ejemplo que deriva también en una fórmula cuadrática.

Ejemplo 5
El cálculo de la cantidad de diagonales de un polígono de n lados

Se podría presentar este problema proponiendo primero una exploración para polígonos de 4, 5, 6, 7 lados. Esta exploración en casos particulares alimentaría la construcción de relaciones más generales que deriven en la fórmula buscada.

Hay varias maneras de pensar este problema, por ejemplo:

• Cada vértice "hace diagonal" con todos los que no son sus vecinos. Esto significa que cada vértice forma diagonal con $n-3$ vértices. Como hay n vértices, tendríamos la fórmula $n\,(n-3)$. Pero como dos puntos determinan una única diagonal t así lo estaríamos contando dos veces, la fórmula es $\frac{1}{2}\,n\,(n-3)$.

• Cada vértice se asocia con todos los otros, lo cual da $\frac{1}{2}\,n\,(n-1)$ segmentos distintos con extremos en los vértices. Pero dos vértices contiguos determinan un lado, no una diagonal. Por eso hay que restarle la cantidad n de lados. La fórmula que se obtiene es $\frac{1}{2}\,n\,(n-1)-n$.

Como vimos en los ejemplos anteriores, es posible establecer un juego de validación apoyado tanto en el contexto del problema como en la operatoria algebraica que permite afirmar que ambas expresiones son equivalentes.

El trabajo con la fórmula puede extenderse aquí en varias direcciones interesantes. Por ejemplo, la exploración hecha para casos particulares permitiría la construcción de una tabla que relacione la cantidad de lados del polígono con la cantidad de diagonales que se obtiene:

Cantidad de lados del polígono	4	5	6	7	8	9
Cantidad de diagonales	2	5	9	14	20	27

Hay una regularidad "observable "en la fila de abajo: la diferencia entre un número y el siguiente va aumentando en 1. Con mayor precisión, se puede señalar que si

• cantidad de diagonales de un polígono de 4 lados + 3 = cantidad de diagonales de un polígono de 5 lados;

• cantidad de diagonales de un polígono de 5 lados + 4 = cantidad de diagonales de un polígono de 6 lados.

Esto permitiría formular la conjetura general:

*cantidad de diagonales de un polígono de **n** lados + **n** − **1** = cantidad de diagonales de un polígono de **n + 1** lados.*

Supongamos que nuestros alumnos ya han atravesado el estado en el cual, de la constatación sobre ejemplos, *se obtenía directamente* la generalidad, y que ahora aceptan esa generalización como una conjetura a probar. ¿En qué podrían apoyar la prueba para la conjetura que se acaba de enunciar?

Supongamos un polígono de n lados al cual se le agregó un vértice A para convertirlo en uno de n + 1 lados.

Todas las diagonales del polígono de **n** lados lo serán de este de **n + 1** lados, y se agregan ahora las que tienen por un extremo el vértice A y por otro extremo a cualquiera de los **n − 2** vértices con los que puede "formar diagonal". Pero, además, al "interponer" el vértice A entre otros dos, un "viejo" lado se transforma en diagonal, con lo cual en total se agregan **n − 1** diagonales.

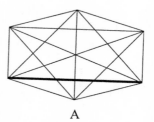

A

El lado marcado pasa a ser diagonal al agregar un vértice entre sus extremos. Se agregan el viejo lado y las tres diagonales que pasan por A.

El análisis sobre la figura explica entonces la regularidad numérica que se "observa" en la tabla. Resta aún hacer un tratamiento en el marco algebraico: según lo que se acaba de validar, si a $\frac{1}{2}$ n (n–3) se le suma n–1, se obtiene la cantidad de diagonales del polígono de n+1 lados.

Ahora bien, si se aplica directamente la fórmula que se obtuvo al principio para un polígono de n + 1 lados, se obtiene:

$$\frac{1}{2}(n+1)\,(n+1-3) = \frac{1}{2}\,(n+1)\,(n-2).$$

Sabemos que esta expresión *tiene que ser equivalente* a

$$\frac{1}{2}\,n\,(n-3) + n - 1.$$

Queda para los alumnos la tarea de revalidar a través de un cálculo algebraico esta equivalencia. Nuevamente las operaciones sobre las expresiones algebraicas encuentran un fin (validar una igualdad que sé que debe ser cierta) y, al mismo tiempo, un contexto que permite a los alumnos controlarlas (si no obtienen una igualdad de expresiones, saben que hicieron algo mal). Esta finalidad y esta posibilidad de controlarlas aportan a la construcción de sentido de estos aspectos más técnicos del trabajo algebraico.

En relación con el problema que estamos analizando, la fórmula se puede explotar con preguntas similares a las que formulamos en el caso de los números triangulares. Lo dejamos a cargo del lector.

Finalmente, se pueden plantear problemas análogos en otros contextos:

• *Si **n** personas asisten a una reunión y todas se dan la mano, ¿cuántos apretones de mano hubo?*

• *Si se arma un campeonato de voley con **n** equipos, y se quiere que todos jueguen con todos, partido y revancha, ¿cuántos partidos debe haber en el campeonato?*

Se trata de relacionar estos problemas con el anterior y de aprovechar el trabajo ya realizado para resolverlos. La diferencia entre las tres situaciones planteadas tiene su correlato en la diferencia entre las tres fórmulas obtenidas. Estudiar estas relaciones entre variaciones del problema y variaciones de la fórmula forma parte del trabajo necesario para lograr dominar las tareas inherentes a la modelización. Y aporta, desde nuestro punto de vista, a la construcción de sentido del lenguaje algebraico.

El siguiente ejemplo fue pensado por Gustavo Barallobres, y ha sido motivo de experiencias en aulas, en el marco de la investigación que él llevó adelante.[58]

Ejemplo 6:

Es una actividad para la producción de un procedimiento para calcular la suma de 10 números consecutivos, cualquiera sea el número inicial. Está armado como un juego para jugar en la clase. En la primera parte de este juego, no se permite usar calculadora.

Parte 1: El profesor escribe en el pizarrón 10 números consecutivos y pide hallar su suma. Luego de finalizado este cálculo, se propone jugar de la siguiente manera: el profesor dice un número y se trata de ver quién da primero el resultado de la suma de los diez números consecutivos a partir del dado. Todo esto tiene que servir para que **todos** los alumnos entiendan de qué se trata el juego, aunque tengan diferentes dificultades para hacer el cálculo. Habrá que explicar todo lo que no esté claro.

Parte 2: Se divide la clase en equipos, se juega un par de veces más. Luego cada equipo tendrá un tiempo para pensar y

---

[58] Tesis de doctorado de G. Barallobres (2005).

escribir una estrategia que le permita obtener rápidamente la suma de 10 números consecutivos cualesquiera. Las estrategias pueden estar en lenguaje coloquial. Se discuten las estrategias.

Parte 3: Se busca ahora escribir una fórmula que permita, dado el primero de los 10 números consecutivos cualesquiera, obtener como resultado la suma de esos 10 números.

Parte 4: Se analizan, se comparan y se validan las diferentes producciones.

Parte 5: Se pone la fórmula en funcionamiento. Por ejemplo, se puede preguntar: *¿Es posible que la suma de 10 números consecutivos dé por resultado 735.245? ¿Por qué? Si la respuesta es afirmativa, ¿cuáles son los números que se han sumado?*
¿Es posible que la suma sea 18.450?
Este problema es esencialmente diferente del resto de los ejemplos, ya que se trata de cálculos que dependen de un valor inicial.

Es posible que los chicos, en el ánimo de ganar el juego, encuentren alguna regularidad que les permita dar la respuesta rápidamente pero sin encontrar las razones por las cuales eso funciona. Ya hemos mencionado que esta modalidad es bastante frecuente en los alumnos.

Como en todos los problemas anteriores, la finalidad es encontrar una explicación o justificación del procedimiento obtenido, no solamente de encontrar una respuesta.

Para arribar a una estrategia tal vez los alumnos necesiten hacer varios ensayos con casos particulares. Podría suceder que los ensayos "se dirigieran" hacia la búsqueda de una estrategia general o que fueran constataciones que no responden a ningún proyecto. En este último caso sería interesante que el docente plantease alguna cuestión que les permitiera a los alumnos analizar la estructura de cada cálculo que han hecho. Para esto puede ser útil solicitarles que escriban los cálculos que están efectuando y no solamente su resultado. La visualización de los diez números consecutivos puede mostrarles aspectos que la cuenta hecha con la calculadora oculta. Por ejemplo, si el docente dicta un número que termina en cero, los diez sumandos empiezan con los mismos dígitos, lo que facilita pensar en estrategias de agrupamiento. Otra cosa que los alumnos podrían visualizar es que las últimas cifras son siempre distintas y recorren entonces de 1 al 9, sumando 45.

Podría suceder que algunos alumnos plantearan un procedimiento, aunque sin demasiada precisión. Para ellos, la escritura de la fórmula va a "forzarlos" a explicitar más claramente las relaciones correspondientes al procedimiento. Para otros, podría ocurrir que tuvieran claro el procedimiento y les resultara difícil "atraparlo" en una fórmula. En cualquier caso, la escritura de la fórmula no es una simple traducción de algo pensado previamente sino que se constituye en un soporte para el pensamiento.

Si ocurriera que algunos alumnos encuentran un procedimiento y no saben cómo escribirlo en fórmula, se podría solicitar a los otros grupos que propusieran escrituras para dicho procedimiento.

En las experiencias de aula realizadas por Barallobres, se observaron distintos procedimientos por los cuales los alumnos llegaron a producir la fórmula *10n + 45* como repuesta al problema. Una explicación frecuente de este hecho se apoya en considerar la tira de sumandos como n + n + 1 + n + 2 +.... n + 9 y agrupar esta suma como 10x n + (1+2+3+4+5+6+7+8+9) = 10n + 45.

Muy distante a esta manera de encararlo, un grupo, después de haber probado con varios números, formuló la siguiente estrategia: *"tomás el quinto número de la serie y le agregás un cinco al final"*. Es una estrategia exitosa, aunque a sus productores les resultó imposible transformar este mecanismo en una fórmula para calcular la suma.

Al respecto, resultó sumamente interesante el intercambio en esa clase entre el grupo productor de este procedimiento y aquellos que habían producido una fórmula. Una vez que la fórmula 10n + 45 se hizo pública y sus productores la justificaron, se pudo entender que *"agregarle un 5 al final"* era lo mismo que

multiplicar por 10 y sumarle 5. Esto daría una fórmula del estilo
(n+4) . 10 + 5, que resulta equivalente a la fórmula ya producí-
da. Barallobres señala el hecho de que al hacer esto los alumnos
no están apoyándose en el contexto para construir su fórmula
sino en las producciones y explicaciones de otros compañeros.

Para terminar con nuestro estudio de este tipo de problemas
de conteo de colecciones queremos hacer una reflexión respecto
de una cierta manera de plantear los ejercicios de producción de
fórmulas que suele encontrarse en algunos textos. Se trata de
problemas donde se "muestran" dos o tres términos de una secuencia, ya sea de números o de configuraciones con algún
ícono, y se solicita a los alumnos que la continúen, sin dar ninguna indicación de cómo se construye el término general de la
serie o de cómo se pasa de un lugar al siguiente. A veces también se pide una fórmula para expresar el número o la cantidad
de elementos del lugar *n* de la secuencia. Aparecen en los libros
bajo el título de "buscar una regularidad" o un "patrón" (son po-
pulares en muchos libros de lengua inglesa bajo la denomina-
ción de búsqueda de un *pattern*).

Vamos a presentar un problema de ese tipo pero con la intención de trabajar explícitamente en la clase sobre los límites
de la generalización inductiva.

Ejemplo 7

En cada uno de los siguientes casos, hay que establecer una
regla en palabras para extender la secuencia de figuras dadas.

a) ¿Cuántos cuadraditos habrá en el lugar trece?

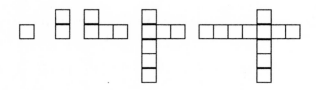

b) ¿Cuántos cuadraditos habrá en el lugar trece?

Para la secuencia del ítem a), es probable que todos los alumnos "vean" una única manera de continuarla, agregando en cada paso un cuadradito más en cada extremo horizontal y uno en la parte superior. Eso conduciría a responder que en el lugar trece hay **12 x 3 + 1** cuadraditos.

No es tan obvia la situación que se plantea en la secuencia del ítem b). Por un lado, se van incorporando cuadraditos arriba, a la derecha, abajo y a la izquierda. Por otro, cada vez se incorpora una tira de un cuadradito más que en la incorporación anterior. Con eso se llega a que la cruz del paso 5 tiene un cuadrito más en cada brazo (considerados en el sentido de las agujas del reloj). Ocurre también que en el paso 2, el lado más largo (el único que hay) tiene 2 cuadraditos; en el paso 3, el lado más largo tiene 3 cuadraditos; en el cuarto paso, 4.

La idea es poner en escena que "hay distintas regularidades" que se pueden considerar en la misma secuencia.

Por ejemplo, alguien podría pensar en reiniciar la serie de cuadraditos que se agregan desde el paso 6, incorporando uno arriba, dos a la derecha, tres abajo, etc. De este modo, en el lugar trece tendríamos tres vueltas completas y la cantidad de cuadraditos sería 1 + (1+2+3+4) x 3.

Otra manera de pensar en la continuación sería ir incorporando tiras cada vez más grandes, en el sentido de las agujas del reloj. Desde este punto de vista, en el lugar trece habría 1+1+2+3+4+5+6+7+8+9+10+11+12 cuadraditos.

Entrando en el juego de buscar distintos puntos de vista para la continuación, se podría intentar conservar el hecho de que la cruz tenga en el paso n, *n* cuadritos en el brazo más largo, el cual siga ocupando un lugar rotativo, arriba, derecha, abajo, izquierda. En el paso trece, ese brazo resultaría ser el de la izquierda y entonces la totalidad del cuadradito sumaría 1+12+11+10+9.

Si logramos liberarnos aún más de lo no dicho, se puede considerar la posibilidad de una secuencia cíclica, es decir, pensar en que se vuelve a comenzar con la secuencia completa, después del quinto paso. Del siguiente modo,

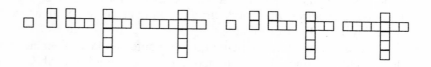

En ese caso, en el lugar trece tendríamos la figura

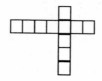

Y por lo tanto habría 1+1+2+3+4 cuadraditos.

La diversidad desatada en este ejemplo puede abrir la mente para imaginar otras continuaciones en el ítem a). Aquí también es posible pensar en una continuación cíclica:

o una "simétrica":

La idea fuerte que se encuentra detrás de este tipo de actividad es que dos, tres o cuatro pasos de una serie no determinan cómo sigue la misma. Ni ninguna cantidad finita de pasos. En nuestros intentos, todavía buscábamos algún tipo de regularidad, pero finalmente nos interesa atrapar el hecho de que, si no está expresamente indicado, la secuencia puede continuar de *cualquier manera*.

No restamos interés matemático al hecho de intentar buscar una regularidad en una serie finita de objetos o de números, pero la regularidad que se puede llegar a obtener permanece siempre a nivel de una conjetura sobre la serie completa, salvo que otra información, en el texto o en el contexto, permita validar la regla obtenida.

Lo que está en juego acá es la relación entre los ejemplos y una ley general. Relación muy importante de construir y que se encuentra presente en muchos otros momentos del trabajo matemático. El ejemplo 7 nos parece pertinente para trabajar sobre este aspecto.

Hemos intentado mostrar con estos siete ejemplos un tipo de trabajo que puede constituirse en unas de las puertas de entrada al mundo algebraico, y que se apoya en la noción de fórmula, concebida tanto como modelo de una situación como reflejo de un proceso de cálculo. Se trata, sin duda, de un trabajo que resignificaría el sentido de esta noción, que los alumnos pueden traer de su participación en el cálculo de magnitudes geométricas.

La fórmula también ha mostrado sus funciones más allá de la computación concreta de una cantidad: permite extraer nuevas informaciones sobre la situación, gracias a la forma de su escritura.

Esta pluralidad de escrituras ha dado lugar a la aparición de la poderosa noción de equivalencia entre expresiones algebraicas. Las propiedades de las operaciones numéricas que los alumnos ya conocen han jugado un papel primordial en la validación de la equivalencia entre dos expresiones.

Los contextos de los problemas y las situaciones concretas que allí se trataban jugaron también un papel importante en estas validaciones. De modo que estos contextos podrían constituirse en el futuro en referencias válidas para los alumnos en relación con las reglas del álgebra.

Formulación y validación de conjeturas sobre los números y las operaciones

Los números, sus operaciones y los problemas que se resuelven con ellas han sido los objetos básicos de trabajo de los alumnos en la escolaridad elemental. Se trata ahora de estudiar las propiedades de los números y considerar las operaciones mismas como objetos de estudio. Los conocimientos aritméticos de los alumnos estarán en la base del nuevo trabajo que ahora se les propone.

Al presentar como actividades para los alumnos la formulación de conjeturas acerca de los números y las operaciones, se plantea la necesidad de producir argumentos para validarlas. El problema 6, que presentamos en la primera parte del capítulo, es un buen ejemplo de esto.

El álgebra se constituye entonces como herramienta en la organización y producción de argumentos.

Las relaciones entre el álgebra y la aritmética han sido estudiadas por numerosos investigadores en Didáctica de la Matemática, que han puesto el foco sobre aspectos de continuidad y de ruptura que relacionan a ambos dominios[59].

Enunciada de diferentes modos, una de las grandes diferencias que se consignan entre el tratamiento aritmético y el algebraico es que este último permite "guardar" la traza de las operaciones realizadas en la expresión final de un cálculo. De este modo, se pueden analizar las propiedades del objeto obtenido a partir de la lectura de una expresión.

Para comenzar presentamos un ejemplo[60] muy ilustrativo de este aspecto, que muestra la potencia del álgebra al conservar la génesis de las diferentes operaciones.

---

[59] Entre ellos queremos mencionar de manera destacada a Y. Chevallard, con sus artículos sobre el pasaje de la aritmética al álgebra (1985, 1989, 1990).
[60] En G. Barallobres (2001).

Ejemplo 8

Explicar por qué si se eligen dos números cualesquiera que sumen 3.000 y se realizan con ellos las siguientes cuentas el resultado que se obtiene es siempre 2.104:

1. *Multiplicar los dos números elegidos.*

2. *Sumar 7 a cada uno de los números elegidos y multiplicar los nuevos números obtenidos.*

3. *Restar el resultado obtenido en **2** menos el resultado obtenido en **1**.*

Teniendo en cuenta que hay una exigencia de generalización, se puede traducir el enunciado de la siguiente manera:

1. $a \cdot b$

2. $(a+7) \cdot (b+7) = a \cdot b + 7a + 7b + 49 = a \cdot b + 7(a+b) + 49$

3. $a \cdot b + 7(a+b) + 49 - a \cdot b = 7(a+b) + 49 = 7 \cdot 3.000 + 49 = 21.049$

Si en cambio se realizan las cuentas con ejemplos numéricos, uno *se encuentra* al final con el resultado 21.049, pero no tiene ninguna pista de por qué ocurrió esto, y por lo tanto, ninguna pista de por qué sucederá con cualquier otro número.

El álgebra presenta aquí un aspecto nuevo que la aritmética no portaba. En las cuentas con números se impone una ley de simplificación para finalizar los cálculos. Para muchos alumnos, esta imposición permanece vigente en el trabajo algebraico, de manera que no pueden llegar a aceptar una expresión como $4b + 1$ como producto final, pretendiendo "simplificarla" en alguna otra que no incluya la operación de suma, como $5b$ (notar que para muchos alumnos no hay en esta expresión una operación, al considerarla como 5 "objetos" b). [61]

---

[61] El trabajo de producción de fórmulas que presentamos en la primera parte de este capítulo –y las experiencias realizadas hasta ahora lo confirman–

En los problemas que presentaremos a continuación, esta propiedad del lenguaje algebraico de guardar la traza de los cálculos sigue jugando un papel fundamental.

Ejemplo 9

¿Es cierto que si se suma un número más su doble, más su triple, más su cuádruplo, el resultado es siempre un número que termina en cero? ¿Por qué?

En este problema los alumnos son invitados a discutir en torno a una supuesta regularidad. Como decíamos antes, las pruebas sobre números particulares nos hacen "encontrarnos" con el hecho. Efectivamente, el resultado siempre termina en cero. Para tener alguna pista de por qué se produce esto, será necesario escribir las cuentas que efectuamos en cada ejemplo sin finalizar los cálculos parciales. Puede ser el docente quien invite a esta tarea, después de varios cálculos de los alumnos. Por ejemplo, si escribimos: 5 + 5 . 2 + 5 . 3 + 5 . 4 (cuyo resultado conocemos y es 50) se nos hace visible que los cuatro sumandos comparten un 5. Las propiedades de las operaciones nos permiten reescribir la cuenta de modo de obtener 5 x (1 +2 +3 +4) = 5 x 10 = 50.

La tarea podría proseguir anticipando qué parte de las cuentas anteriores va a cambiar para otro ejemplo, digamos el número 17, y qué va a permanecer. El cálculo sobre el número 17: 17 x (1+2+3+4)= 17 x 10 = 170 debería servir para constatar las predicciones.

Notemos que estamos haciendo un tratamiento de los ejemplos que es del tipo "algebraico", dejando escrita la traza de las

---

permitiría apuntar directamente contra este tipo de dificultad que consignamos recién: no sólo por el hecho de esperar una fórmula como producto final sino porque cada número y cada letra que aparece en ella, así como las operaciones de suma y producto involucradas, tiene un sentido preciso en el contexto. Una simplificación incorrecta como la que mencionábamos no podría sostenerse desde este sentido ligado al contexto.

operaciones intermedias[62]. Gran parte del trabajo ya está hecho. Finalmente, se trata de expresar este cálculo para un número cualquiera n: n x (1+2+3+4) = n x 10. De esta última expresión se infiere que el resultado obtenido terminará siempre en cero.

Ejemplo 10

Se puede plantear como un juego:
"Consideren tres números enteros consecutivos cualesquiera. Realicen la diferencia entre el cuadrado del número "del medio" y el producto de los otros dos números. Gana el que llega al resultado más grande."

Primeramente, hay que toparse con una realidad no evidente para muchos chicos: el resultado del cálculo es siempre 1. ¡No vale la pena jugar al juego propuesto! Después de que hayan llegado a esta conclusión, el docente puede solicitar a los alumnos que expliquen por qué sucede eso (cambia la tarea a realizar, ya no se trata de buscar un resultado sino de explicar lo que encuentran).

Podrían expresar los tres números como *a*, *a* + *1* y *a* + *2*, o bien a − 1, *a*, *a* + *1*.

Al plantear el cálculo en cada caso se llega a:

$$(a+2) \cdot a - (a+1)^2$$
ó $(a-1) \cdot (a+1) - a^2$.

Transformar cualquiera de estas dos expresiones permite concluir que, independientemente de los números elegidos, el resultado es siempre 1. La nueva información que plantea el tratamiento algebraico en su lazo con lo general es que el resultado dará siempre lo mismo, más allá del valor por el que se comience.

---

[62] Este *tratamiento algebraico de lo numérico* aparece aquí al servicio de la tarea que hay que resolver. Como una tergiversación de este funcionamiento, en muchos libros de texto se presentan problemas de "sacar paréntesis" (y corchetes y llaves) en largas cuentas con números, y desde la enseñanza se impide comenzar resolviendo las cuentas indicadas en su interior. Sin ninguna finalidad que lo justifique, se obliga a guardar la traza de las operaciones como un mero ejercicio, que no puede tener ningún sentido para el alumno.

Se trata de un nuevo ejemplo de problema en el que es posible encontrar sentido a las transformaciones algebraicas en tanto herramientas que permiten obtener nueva información a partir de ciertos datos iniciales.

En el próximo ejemplo, los dos primeros ítems plantean conjeturas verdaderas, no así el tercero.

Ejemplo 11

a) *Si se suman tres números naturales consecutivos cualesquiera, ¿el resultado es siempre múltiplo de 3?*

b) *Si se suman cinco números naturales consecutivos cualesquiera, ¿el resultado es siempre múltiplo de 5?*

c) *¿Será cierto que si se suman k números naturales consecutivos cualesquiera, el resultado siempre será múltiplo de k?*

Nuevamente, la exploración *via* ejemplos permite conjeturar que la respuesta es afirmativa para las dos primeras preguntas.

Veamos qué "muestran" las cuentas con ejemplos para el primer ítem:

$4 + 5 + 6 = 15$

$8 + 9 + 10 = 27$

$12 + 13 + 14 = 39$

No es tan claro cómo identificar aquí una característica común.

Un punto importante a considerar sería cómo escribir la relación entre un número y su consecutivo, es decir, hacer explícito que el consecutivo se obtiene sumando 1. Si se explota este hecho en los ejemplos, los mismos pueden ser reescritos; por ejemplo el primero: $4 + (4+1) + (4+2) = 3 \times 4 + 3$, escritura en la cual se hace visible que es un múltiplo de 3. ¿Cómo llegar a este resultado de manera general? Si los alumnos optan por llamar n al primero de los tres números, la suma será:

$n + (n+1) + (n+2) = 3n + 3$, que resulta siempre múltiplo 3.

Otra posibilidad consistiría en focalizar la atención en qué múltiplo de 3 es el resultado. Puede visualizarse en los ejemplos que se trata siempre del múltiplo del número del medio. En este caso, se puede modelizar el caso general llamando n a ese número del medio, se obtiene entonces $(n-1) + n + (n+1) = 3n$.

También puede que algunos alumnos traten casos particulares, como ser que el primero de los tres números sea múltiplo de 3. Si generalizan esta situación llamando $3n$ al primer número, llegarán a que la suma de los tres se expresa como $9n + 3$, que resulta también múltiplo de 3, para todo valor de n.

Una clase con semejante diversidad de procedimientos entre los alumnos daría lugar a tomar en cuenta un aspecto importante ligado a la modelización: *¿cómo es posible que se haya llegado a tres fórmulas diferentes y no equivalentes?* Sucede que en cada caso la letra n designa algo diferente. Hay un interés didáctico de poner en escena la posibilidad de elecciones diferentes de variable desde las primeras experiencias de los alumnos con la modelización algebraica. Se trata de un aspecto que muestra la distancia que separa un proceso de modelización de uno de "traducción de un lenguaje a otro"[63]. Saberse a sí mismo habilitado para elegir contribuye a ubicar al alumno en una posición de mayor control sobre su propio trabajo.

Volviendo al problema, el ítem b) permite un trabajo similar, aunque un poco más complejo en cuanto a la escritura.

El ítem c) plantea ahora una doble generalización: no se trata solamente de comenzar nuestras sumas con cualquier número, sino de estudiar el problema para cualquier cantidad de sumandos. No se espera una excesiva formalidad en relación con esta doble generalización. De la exploración de ejemplos

---

[63] Los típicos ejercicios de "traducir al lenguaje simbólico" que se presentan en algunos libros como introducción al tratamiento de las ecuaciones inducen a creer que se trata de eso, de una traducción, y que, como tal, hay UN equivalente en el otro lenguaje que expresa lo mismo que se está diciendo en el lenguaje natural. Es muy infrecuente encontrar problemas en los textos que permitan –de una manera no forzada– una modelización por dos expresiones no equivalentes. De este modo, el fenómeno que acabamos de señalar permanece oculto para los alumnos.

es probable que los alumnos se encuentren con casos donde "no da". Con aportes docentes si es necesario, se pretende arribar, por un lado, a que si sumamos una cantidad impar de números consecutivos, se puede hacer un "razonamiento algebraico" como el realizado con 3 y 5. Nótese que para esta generalización, la modelización que se realizó llamando n al número del medio resulta la más eficaz. Por otro lado, se pretende arribar al hecho de que si sumamos una cantidad par de números consecutivos, nunca se logra la propiedad enunciada. Formalmente, con una formalidad fuera de los alcances de los alumnos principiantes, esto último es así porque si sumamos k números consecutivos, esa suma se expresaría, para un valor par cualquiera de k, y un valor cualquiera de n:

$$n + (n+1) + (n+2) +...+ (n+k-1) = k \times n + (1+2+3+... +k-1)$$
$$= k \times n + (k-1) \times \frac{k}{2} = k \times (n + \frac{(k-1)}{2}).$$

La única manera de poder obtener un múltiplo de k, se daría en el caso de que el número $n + \frac{(k-1)}{2}$ fuera entero, pero esto nunca es así si k es un número par.

La manera más informal de que se llegue a esta conclusión en un curso dado dependerá de la calidad del trabajo y de los hábitos de expresión ya instalados en esa clase. Nos parece de todos modos pertinente "tensar" el trabajo en el sentido de esta doble generalización que plantea el ítem c), entendiendo que con esto se contribuye a un saludable avance en esa calidad de trabajo.

Presentamos ahora un ejemplo que deja al alumno en posición de establecer una conjetura, no sólo de validarla.

Ejemplo 12

¿Cuáles son todos los números que verifican que, elevados al cuadrado, tienen resto 1 al dividirlos por 8?

La exploración en diferentes ejemplos puede ir arrojando resultados parciales:

Número	al cuadrado	resto al dividir por 8
2	4	4
3	9	1
4	16	0
5	25	1
6	36	4

La tabla lo va mostrando, y parece claro que ningún número par va a tener resto 1, pues al cuadrado sigue siendo par. De esta tabla, por ejemplo, podría surgir la conjetura de que serán todos los números impares. Podría ser que los alumnos necesiten verificar esa conjetura con algún impar "grande" para estar más seguros. Finalmente, habrá que llegar a un modelo de la situación para un número impar cualquiera.

Si se designa ese número impar cualquiera con la letra n, la expresión de su cuadrado (n^2) no permite atrapar nada de su posible resto al dividirlo por 8. Será necesario dejar expresado en la modelización que se trata de un número impar. Constituye un buen ejemplo de la importancia de la elección de la variable para poder avanzar con la tarea[64].

Si se expresa un número impar genérico como 2n + 1, para cualquier valor de n, se obtiene entonces que $(2n+1)^2 = 4n^2 + 4n + 1 = 4 \times (n^2+n) + 1 = 4 \times n \times (n+1) + 1$

Habiendo llegado a esta expresión, será ahora necesario analizarla en función de lo que se quiere probar. El 4 que aparece en el primer sumando restringe el problema a controlar si n x (n+1) es siempre múltiplo de 2, y esto resulta efectivamente así pues n ó n + 1 tienen que ser números pares. Entonces podemos concluir que el cuadrado de 2n + 1 es un múltiplo de 8 más 1, o sea que tiene resto 1 al dividirlo por 8.

---

[64] Este aspecto del trabajo remite, en la modelización de Nicaud, al tercer nivel.

Si el número impar se expresara como $2n - 1$, se obtendría $(2n-1)^2 = 4n^2 - 4n + 1 = 4 \times (n^2-n) + 1 = 4 \times n \times (n-1) + 1$ y el razonamiento es análogo.

Otra manera de encarar el problema puede ser comenzar viendo que se trata de probar que si n es un número impar, $n^2 - 1$ es siempre múltiplo de 8. En este caso, la descomposición de esta resta en dos factores (conocimiento que quizá no tengan los alumnos principiantes[65]) nos informaría que $n^2 - 1 = (n-1) \cdot (n+1)$

El miembro derecho del signo igual presenta el producto de dos números pares consecutivos: uno de los dos debe ser múltiplo de cuatro. Esta observación permite concluir que la conjetura es cierta.

La pluralidad de modelizaciones posibles de la situación –unas más pertinentes que otras–, la necesidad de transformar las escrituras, la lectura de información en una expresión, relevante para la tarea que se quiere realizar, son todos ingredientes que hemos abordado como constitutivos del trabajo algebraico y se encuentran presentes en este problema.

A continuación, presentamos varios ejemplos que necesitan de la noción de división entera y al mismo tiempo colaboran en su reelaboración.

Ejemplo 13

1. Hallar, si es posible, un valor de b para que el resto de dividir por 4 el número 4 x (b+1) + 2 sea 2, y otro valor de b para lograr que el resto sea 3.

2. Hallar, si es posible, un valor de b para que el resto de dividir por 8 el número 4 x (b+1) + 2 sea 2, y otro valor de b para lograr que el resto sea 4.

3. Hallar, si es posible, un valor de b para que el resto de dividir por 5 el número 4 x (b+1) + 2 sea 2, y otro valor de b para lograr que el resto sea 3.

---

[65] Y que podría ser tratado desde un marco geométrico, al estilo del trabajo de Euclides que presentamos en el capítulo 1.

Se trata, en estos casos, de recuperar las propiedades co-
nocidas de la división y el resto. El análisis de la estructura del
cálculo que se expresa permite "leer" en el mismo ciertas informaciones pertinentes para cada una de las tareas que se proponen. En cada ítem, las dos preguntas requieren tratamientos
específicos.

En el primer ítem, como se trata de la división por 4, la lectura de la forma del número permite responder que para todo
valor de b el resto será 2.

En el segundo ítem, el primer ejemplo que se pide obliga a
considerar una condición: $b + 1$ debe ser múltiplo de 2. Hay infinitos ejemplos posibles, todo los números impares sirven. El
segundo ejemplo es más complejo: se debe lograr que $4 \times (b+1)$
tenga resto 2 al dividirlo por 8. Si b es impar, acabamos de ver
que tiene siempre resto 0. Si b es par, b se puede expresar como
$2k$, y el número $4 \times (b+1)$ se puede expresar como $4 \times 2k + 4 =$
$8 \times k + 4$, nunca tiene resto 2 al dividirlo por 8.

Para el tercer ítem, la situación es mucho más abierta y se
pueden encontrar casos que están *a mano*. En el primer ejemplo,
el resto 2 está garantizado si el resultado de la cuenta $4 \times (b+1)$
resulta ser un número divisible por 5. Una manera de lograr esto
-la única, ya que 4 y 5 son coprimos– es pidiendo a $b + 1$ que
sea múltiplo de 5. Esta condición permite producir infinitos
ejemplos de b: 4, 9, 14,... etc., es decir, todos los números que
tienen resto 4 al dividirlos por 5, que se pueden expresar como
los números de la forma $5k + 4$. Para el segundo ejemplo que se
pide, será necesario transformar la escritura $4 \times (b+1) + 2 = 4b$
$+ 6 = 4b + 5 + 1$. Para lograr que este número tenga resto 3 al
dividirlo por 5, es necesario que 4b tenga resto 2. Esto se logra,
por ejemplo, con $b = 3$, $b = 8$ o cualquier número b que responda
a la forma $3 + 5k$.

Una nueva técnica de trabajo se puso en juego en este problema: la posibilidad de sustituir la variable en una expresión
algebraica por otra expresión. Los alumnos deberán enfrentar
diferentes problemas que la pongan en juego, y lograr la destreza
necesaria como para hacer de esta técnica una herramienta ami-
gable y útil para el trabajo matemático.

Y nuestro estudio va llegando a su fin con el problema 13 (para darnos suerte!!!).

En esta segunda parte del capítulo hemos intentado mostrar en "vivo" la potencia del álgebra para estudiar propiedades y relaciones de los números enteros y las operaciones.

La propiedad fundamental que nos ha permitido desplegar este estudio fue la posibilidad del lenguaje algebraico de guardar la traza de las operaciones realizadas.

Por otro lado, las transformaciones algebraicas de las escrituras estuvieron al servicio de la formulación de una conjetura y de la validación de un resultado dado o producido sobre la marcha.

Otros aspectos vinculados a la práctica de modelización algebraica fueron apareciendo: la elección de variables adecuadas, la técnica de sustitución de una variable por una expresión. Son aspectos que deben ser re-trabajados en diferentes tipos de problemas y en relación con otros objetos del álgebra y las funciones.

Reflexión final sobre el capítulo 2

Se ha intentado mostrar en este capítulo una posible vía de entrada al álgebra, que permita a los alumnos construir referencias, sentidos y herramientas de control para las transformaciones algebraicas.

Lo hemos hecho básicamente, de dos maneras:

En la primera parte, hemos presentado problemas en los cuales el contexto extramatemático ha comandado la construcción de la noción de equivalencia de expresiones. La lectura de información sobre las expresiones producidas fue mostrando la utilidad del lenguaje que se estaba aprendiendo a utilizar.

En la segunda parte, en un contexto intra matemático, la noción de equivalencia dio lugar a la operación de transformación de las expresiones. El sentido de las transformaciones estuvo dado por la necesidad de resolver un problema o de decidir sobre una conjetura. Constituye un trabajo más exigente en el plano de lo algebraico porque requiere una planificación y una mayor anticipación (se ubicaría en el tercer nivel en la modelización de Nicaud).

El plan integral de formación algebraica de un alumno debe sin duda nutrirse de muchas otras experiencias. En el camino se encontrarán nuevos objetos, nuevos problemas y nuevas técnicas para producir y para incorporar de manera sistemática.

En los ejemplos que aquí analizamos se muestra un tipo de trabajo que –además de todas las *bondades didácticas* ya señaladas– hace posible entusiasmar a los alumnos y incorporarlos activamente desde una posición de interés intelectual en el trabajo que se les presenta.

Desde ese lugar, es posible pensar también en una perspectiva gratificante para el docente que enseña álgebra a nuestros adolescentes hoy.

Esperamos sinceramente que este libro aporte al fortalecimiento de esa gratificación que todo docente siente cuando logra involucrar a sus alumnos en los desafíos del aprendizaje.

Bibliografía

Todos los textos que figuran a continuación fueron citados en este libro, salvo tres que nutrieron transversalmente muchas de las reflexiones que se presentaron aquí; están señalados con un asterisco.

*Arcavi, A. (1994): *Symbol sense: Informal sense-making in Formal Mathematics*, For the Learning of Mathematics, vol 14 FLM, Publishing association, Montreal, Canadá.

Artigue, M. (1990): *Epistémologie et didactique.* Recherches en Didactique des Mathématiques, 10 (2/3), 241-286.

Artigue, M. (1992): *The importance and limits of epistemological work in didactics.* Proceedings of the 16th Annual Meeting of the Psychology of Mathematics Education 16, Durham, vol. 3, 195-216.

Balacheff, N. (1987): *Dévolution d'un problème et construction d'une conjecture. Le cas de "la somme des angles d'un triangle".* Cahier de didactique des mathématiques, 39. Irem de Paris 7.

Barallobres, G. (2000): *Algunos elementos de la didáctica del álgebra*, en Estrategias de enseñanza de la Matemática , Carpeta de Trabajo, Lic. en Educación, Universidad Virtual de Quilmes, Chemello, G. (Coord.). UVQ.

Barallobres, G. (2005): *La validation intellectuelle dans l'enseignement introductif de l'algèbre*, Tesis de doctorado defendida en junio en la Universidad de Montreal, Canadá.

*Bergé, A. y Sessa, C. (2003): *"Completitud y continuidad revisadas a través de 23 siglos. Aportes para una investigación didáctica"*, RELIME, México.

Bkouche, R. (1997): *Epistémologie, histoire et enseignement de mathématiques.* For the Learning of Mathematics, 17, (1), 34-42.

Chevallard, Y. (1985): *Le passage de l'arithmétique à l'algèbre dans l'enseignement des mathématiques au collège. Première partie. L'évolution de la transposition didactique.* Petit x, no. 5, pp. 51-94 .

Chevallard, Y. (1989): *Le passage de l'arithmétique à l'algèbre dans l'enseignement des mathématiques au collège. deuxième partie.* Petit x, no. 19, pp. 43-72 .

Dahan-Dalmedico, A. y Peiffer, J. (1986): *Une histoire des mathématiques. Routes et dédales.* Éditions du Seuil, Paris.

Douady, R. (1986): *Jeux de cadre et dialectique outil-objet*, Recherches en didactique des mathématique, vol. 7.2, La pensée Sauvage, Grenoble.

Drouhard, J. P.; Leonard, F.; Maurel, M.; Pecal, M.; Sackur, C.; (1995): *Calculateurs aveugles, dénotation des écritures algébriques et entretiens "faire faux".* Le Journal de la commission inter-IREM didactique, IREM de Clermont-Ferrand.

Combier, G. ; Guillaume, J.C. ; Presiat, A. (1996) : *Les débuts d'algèbre au collège. Au pied de la lettre !* Institut National de Recherche Pédagogique. Didactiques des disciplines.

Euclides (S IV AC): los *Elementos,* Madrid, Gredos (1991).

Frege (1892): *Escritos lógicos y Filosóficos.* España, Madrid: Tecnos.

Harper, E. (1987): *Ghosts of Diophantus.* Educational Studies in Mathematics 18, pp 75-90.

Itzcovich, H. (2005): *Iniciación al estudio didáctico de la Geometría*, Libros del Zorzal.

Linchevsky, L. y Sfard A. (1991): *Rules without reason as processes without objects: The case of equations and inequalities,* en F. Furinghetti (dir). Proceedings of the Fifteenth PME Conference, Asissi, Italia.

Nicaud, J-F. (1993): *Modélisation en EIAO, les modèles d'APLUSIX*. Rapport de recherches no. 859 . LRI, Université de Paris Sud.

Panizza, M., Sadovsky, P. y Sessa, C. (1995):*Los primeros aprendizajes algebraicos. Cuando las letras entran en la clase de Matemática. Informe de una investigación en marcha.* Comunicación REM, Río Cuarto, Córdoba. Versión en *http:// www.fcen.uba.ar/carreras/cefiec/cefiec.htm*

Panizza, M., Sadovsky, P. y Sessa, C. (1996): *Los primeros aprendizajes algebraicos. El fracaso del éxito.* Comunicación REM, Salta. Versión en inglés : The first Algebraic Learning: the failure of success. Proceedings of the twentieth PME Conference, Valence, España, Vol. 4 (107-114). Versión en *http:// www.fcen.uba.ar/carreras/cefiec/cefiec.htm*

Panizza, M., Sadovsky, P. y Sessa, C. (1999):, *La ecuación lineal con dos variables: entre la unicidad y el infinito.* Enseñanza de las Ciencias, Vol 17, no 3, pp.453-461. Versión en *http:// www.fcen.uba.ar/carreras/cefiec/cefiec.htm*

Radford, L. (1996): *The Roles of Geometry and Arithmetic in the Development of Algebra: Historical remarks from a Didactic Perspective.* En N. Bednarz *et al.* (eds) Approaches to Algebra, 39-53, Kluwer Academic Publishers. Printed in Netherlands.

Radford, L. (1997): *On Psychology, Historical Epistemology, and the Teaching of Mathematics: Towards a Socio-Cultural History of Mathematics.* For the Learning of Mathematics. 17, (1), 26 – 32.

Ritter, J. (1991): *A cada uno su verdad: las matemáticas en Egipto y en Mesopotamia.* En Historia de la Ciencias, M. Serres (comp.). Editorial Cátedra, Madrid.

*Sadovsky, P. (2004): *Condiciones didácticas para un espacio de articulación entre prácticas aritméticas y prácticas algebraicas.* Tesis de Doctorado en Didáctica, Universidad de Buenos Aires.

Sadovsky, P. (**2005**): *Teoría de las Situaciones didácticas: un marco para pensar y actuar la enseñanza de la matemática.* Reflexiones teóricas para la educación matemática, Libros del Zorzal.

Sadovsky, P. y Sessa, C. (**2004**): *The adidactic interaction with the procedures of peers in the transition from arithmetic to algebra: a milieu for the emergence of new question.* Próximo a publicarse en un número especial de la revista Educational Studies in Mathematics, dedicado a la Escuela Francesa de Didáctica de la Matemática. Puede encontrarse una versión en castellano en *http://www.fcen.uba.ar/carreras/cefiec/cefiec.htm*

Serre, M. (**1989**): *Gnomon: los comienzos de la geometría en Grecia*, en Historia de la Ciencia Michel Serre (comp.), Editorial Cátedra, Madrid.

Sierpinska, A. (**1995**): *La compréhension en Mathématiques*, De Boeck Université.

Sierpinska, A., Lerman, S. (**1996**): *Epistemology of mathematics and of mathematics education.* En Bishop *et al.* (eds) International Handbook of Mathematics Education (827-876). Dordrecht, HL: Kluwer, Academic Publishers. Printed in Netherlands.

Vergnaud, G., Cortes, A. y Favre Artigue, P. (**1988**): *Introduction de l'algèbre auprès de débutants faibles: problèmes épistemologiques et didactiques.* Actas Colloque de Sèvres, la Pensée Sauvage, Grenoble.

Zon, N. (**2004**): *Estudio Didáctico de Procesos Recurrentes en la Educación Básica.* Tesis de Maestría en Didáctica de la Matemática. Departamento de Matemática. Universidad Nacional de Río Cuarto.

Programas de Matemática para primero y segundo año de las escuelas medias de la Ciudad Autónoma de Buenos Aires (2001-2002), Secretaría de Educación del Gobierno de la Ciudad de Buenos Aires.
En página *http://www.buenosaires.gov.ar/educación*

En la misma colección

❏ **Enseñar Matemática hoy**
Patricia Sadovsky

❏ **Iniciación al estudio didáctico de la Geometría**
Horacio Itzcovich

❏ **Razonar y Conocer**
Mabel Panizza

❏ **Reflexiones teóricas para
la Educación Matemática**
Humberto Alagia, Ana Bressan, Patricia Sadovsky

Se terminó de imprimir en el mes de julio de 2005
en los Talleres Gráficos Nuevo Offset
Viel 1444, Capital Federal
Tirada: 3.000 ejemplares